大妻ブックレット 14

気候変動を社会科学する

学際性の追求と挑戦

木村ひとみ［著］

まえがき

本書『気候変動を社会科学する――学際性の追求と挑戦』では、筆者の研究分野である国際環境法や国内環境法を中心にしつつ、他の法学分野（国際貿易法、国際難民法、国際人権法、国際刑事法など）や、社会科学（国際関係論、政治学、経営学など）の視点からも、気候変動をめぐる課題について幅広く学際的、複眼的に検討しています。気候変動の研究においては、その影響の範囲が広いため、自分の専門分野に立脚しつつも（第1～2章）、自分の法学分野だけ見ていては見逃す点や解決できない問題も多く、環境法以外の法学や社会科学の知見も取り入れる必要があるためです（第3～5章）。

しかし、多くの学際研究や共同研究ではこのような分野の横断や融合を目指しつつも、各分野での成果を持ち寄るだけに終始することも往々にしてあります。日々、急速に発展する各自の専門分野だけでも追いきれないなかで、他の分野をカバーすることは時間を要し、結果的に遠回りや空振りとなるリスクもあります。しかし意外にも、新たな発見は、隣接する分野や、既存の知見や技術をどう組み合わせるかというところにも存在するように思います。

私の専門分野である国際環境法では、条約の義務を国家に課すところまでを研究対象としますが、実際は、国内環境法によって各国の事情に応じた様々な実施のためのアプローチがとられることになります。私は両者の学問分野の間に存在するギャップの大きさに興味を抱き、国際環境法と国内環境法の相互の関係や作用に着目した研究を博士論文にまとめました。京都議定書がＥＵ加盟国でどのように実施されているのか、あるいは逆にＥＵという地域組織が提案した先進的な法律や制度が、条約にどのように組み込まれていったのかというプロセスを動態的に解明しようとする試みであったため、国際環境法だけでなく、ＥＵ法やＥＵ環境法、各加盟国の国内法についても一から理解する必要性に迫られました。

その後も分野横断的な課題を扱う際には、テーマに応じて他の分野との融合を試みてきました。例えば、気候難民については、京都議定書だけでは対応できない問題であったため、難民条約の可能性や限界について検討しましたが、その後、適応、損失と損害の文脈においても議論されるようになりました。また、温室効果ガスにはオゾン層を破壊するフロンガスも含まれているため、オゾン層保護のためのモントリオール議定書との関係についても研究しました。

企業の気候変動対策については、国際環境法でも条約以外のガイドラインなどソフトローも重要な役割を果たしてきていますが、学術研究というよりは、現代的な実務的課題としての側面が強く、実務の経験からも、企業の世界は企業の論理で展開されていると感じていました。このため、気候変動について法学とは異なる視点でアプローチする経営学、商法、金融論の専門家とも議論しながら、そうした他の学問分野の知見を取り入れるようにしました。

本書ではこのような問題意識から、気候変動にどのように法学や法学以外の社会科学がかかわってきたのかをなるべく体系的に書くようにしました（なお、本書掲載の写真はすべて筆者撮影）。

第1章では、気候変動問題の展開について全体的な流れや基本的な理解を深めます。気候変動とは何かという自然科学からはじめ、こうした科学的知見に立脚した気候変動枠組条約、京都議定書が採択され、そして現在のパリ協定に至る過程を振り返ります。

　第2章では、これまで数十年にわたる議論の中で派生してきた、新たな課題についてもとりあげます。例えば、気候変動への取り組みにおいて近年、その役割を増す若者は、国際環境法の主体となる国ではない非政府主体に相当しますが、気候変動に対する人権アプローチに基づき、激増する気候変動訴訟においてまだこの世に生まれていない将来世代の権利を訴えるなど、国際環境法においても新たな学問の境地が切り開かれつつあります。

　第3章以降では、気候変動とその他の分野との関係について、企業、生物多様性、エネルギーなどの分野を中心に、様々な個別のテーマについて考えます。第3章では、まず、気候変動とコインの裏表の関係にあるエネルギーとの関係について、ウクライナ戦争の影響、エコサイド（環境犯罪）、暮らしの中の気候変動対策などについて考えます。

　第4章では、気候変動と生物多様性・自然環境との関係について、陸と海の生物多様性、森林火災、世界自然遺産、人獣共通感染症、北極・南極への影響などをとりあげます。

　第5章では、気候変動と企業との関係について、ＳＤＧｓ・ＥＳＧをめぐる気候変動情報の開示、エコカー、食品ロス、プラスチックなどの課題をとりあげます。


　それでは、気候変動について考えるしばしの旅へとご一緒しましょう。

目次

第1章　気候変動枠組条約、京都議定書からパリ協定へ〈基礎編〉

1　地球温暖化・気候変動の影響

地球の温度は、太陽光と、地表に跳ね返されて宇宙空間に放射される赤外線の間の熱収支によって決まります。大気中には、太陽光は通すけれども、赤外線の一部を吸収して熱の放出を妨げ、温室のような効果を与える**温室効果ガス（GHG）**が存在します。

産業革命以降の化石燃料の使用により、**二酸化炭素（CO^{2}）**などの温室効果ガスの排出が増加し、人間活動による（＝人為的な）地球温暖化が起こりました。最近では、気温上昇以外の影響も広く含めて、**気候変動（Climate Change）**という言葉を耳にすると思います。

地球温暖化による気候変動の影響として気温や海面の上昇が起こり、異常気象が頻発するようになります。グリーンランドや南極大陸の氷床が融解し、北極でも氷が解けてホッキョクグマの生息に影響を与えます。このような気候変動の悪影響は途上国で特に顕著に見られますが、二〇〇五年のハリケーン・カトリーナがアメリカに甚大な経済被害をもたらしたように、先進国でも洪水、高潮、サイクロン、スーパー台風、集中豪雨、豪雪などによって人や物への被害や、社会・交通インフラの麻痺が生じています。オーストラリアでも熱波による山火事でユーカリの木が燃え、コアラの生息に大きな被害が出ています。

ツバルなどの島国やバングラデシュなど国土の海抜が低い国では、海面上昇の結果、海岸が浸食されるだけでなく、浸水でその土地に人が住めなくなり、住み慣れた土地を追われて移住を迫られる、いわゆる**気候難民**の問題が実際に出てきています。島・低地の消滅によるこうした気候難民の発生や人の移動、水・食料・農地をめぐる紛争の増加は、安全保障に大きな影響をもたらす**気候危機**であると、アル・ゴア元米副大統領は指摘しました。シリア内戦では多くの難民がヨーロッパに流入しましたが、実は、シリアでは内戦以前に既に気候変動の影響で農業が成り立たなくなっていた農村から都市に多くの人が流入し、社会が不安定になっていたことが指摘されています。

日本に住む私たちの暮らしへの影響として、アフリカやアジアでの干ばつやバッタが農作物を食い荒らす蝗害は、食品の価格高騰（インフレ）をもたらし、途上国で子供の栄養失調を増加させるだけでなく、食料自給率の低い日本も含めて世界の食料安全保障に大きな影響を与えます。温暖化に適応するため、酒蔵が契約先を岐阜県から北海道の米農家に変更しなくてはならなくなったり、米農家が生産地の移転や新潟のコシヒカリのように品種改良を迫られたりすることもあります。リンゴがとれなくなった農家がミカン農家になるのも気候変動に対する適応策と言えます。このように気候変動がもたらす影響についてはマイナスのものがほとんどですが、逆に降雨による農作物の生産増加などプラスの影響をもたらすこともまれにあります。

海でも食物連鎖を通して、サンマなどの海洋資源が減少しています。また、海洋はCO_2の約三割を吸収してくれますが、海洋の**酸性化**によりサンゴが死滅、白化し、世界中からダイバーや観光客が訪れるオーストラリアのグレート・バリア・リーフは世界遺産としての存続が危うくなっています。これ以外にも、多くの世界遺産が温暖化の被害を受けており、世界遺産登録リストの中で大規模な保存が必要とされ、援助の要請があるものについては危機遺産として支援の対象になります。例えばイルリサット・アイスフィヨルドなどの氷河が溶けてなくなった場合への懸念も広がっています。

健康への影響としては、熱中症、花粉症、デング熱など感染症の増加やメンタルヘルスの悪化が挙げられます。近年、サウジアラビアでは五〇℃を超える熱波で一千人以上のメッカ巡礼者が命を落とし、フィリピンでは高温でオンライン授業による学習を迫られました。日本でも熱中症で体温調節機能の弱い高齢者や子どもが病院に搬送されるケースが増えてきています。国際労働機関（ＩＬＯ）は、世界の労働人口の七割（アジア太平洋では四人に三人）が危険な暑さに曝され、熱中症等で多くの労働者が死亡しており、二〇五〇年までに約三五〇兆円の莫大な経済損失が予測されるとしました。

特に感染症については、温暖化により動物の生息域や、デング熱など蚊を媒介とする熱帯性の感染症が北上し、コロナ禍後の海外渡航の増加で人の移動を通じてグローバルな感染症が急速に広がることが懸念されています。こうした気候変動による感染症の増加については世界保健機関（ＷＨＯ）も二〇二三年に警告しており、二〇二四年には南米で非常事態レベルのデング熱感染者が発生しています。日本でもシベリアから北海道に飛来する渡り鳥に高病原性鳥インフルエンザのウイルスが確認されており、養鶏農家にとっては死活問題です。

このように、気候変動は地球環境や生態系だけでなく、私たちのくらし、健康、食料、安全保障に大きな影響を与えています。既に起こってしまったこうした気候変動の影響に対処することを**適応**といいます。しかし、適応策には限界があるため、やはりCO_2を減らす**削減**が重要であり、気候変動の議論で車の両輪ともいえるこの二本柱のうち最初に議論されたのは削減であり、その必要性が認識された背景には自然科学の進展がありました。

2　気候変動の科学と政治——IPCCの役割とは?

CO_2の増加が温室効果により気温上昇をもたらす点については既に一九世紀末に明らかになっていましたが、一九五〇年代からのハワイ島マウナロアでの観測により、温室効果ガス濃度の上昇に**化石燃料**の消費量の増加が関連していることが指摘されるようになります。

こうした自然科学の問題が国際政治の課題として議論されるようになったきっかけとして、一九八八年に**気候変動に関する政府間パネル（IPCC）**が設置されたことが挙げられます。気候変動への取り組みに科学が重要な役割を果たしたとして、後にIPCCとゴア元米副大統領はノーベル平和賞を共同受賞しました。また、IPCCにも貢献した、物理法則に基づき気候をシミュレーションする気候モデルの確立によりプリンストン大学の真鍋淑郎先生がノーベル物理学賞を受賞されています。

ＩＰＣＣは気候変化、温暖化の影響、緩和（削減）の三つの作業部会で構成され、気候変動に関する最新の知見をまとめた評価報告書を約五年ごとに作成し、公表しています。ＣＯ２の削減のことを専門的に**緩和**と言う場合がありますが、同じ意味です。それでは、ＩＰＣＣ評価報告書の記述内容がどのように変化していったかを見てみましょう。

ＩＰＣＣ評価報告書における科学的知見の変遷

第一次評価報告書（一九九〇）　科学的不確実性はあるものの気候変動が生じる恐れは否定できず
第二次評価報告書（一九九五）　人間活動の影響による地球温暖化が既に起こりつつあることを確認
第三次評価報告書（二〇〇一）　過去五〇年間に観測された温暖化のほとんどが人間活動によるもの
第四次評価報告書（二〇〇七）　地球の平均気温は過去一〇〇年間で〇・七四℃上昇
第五次評価報告書（二〇一四）　温暖化の主な原因が人為である可能性が極めて高い（九五％以上）と断定。地球の平均気温は過去一三〇年で〇・八五℃上昇
第六次評価報告書（二〇二一）　人間の影響による温暖化に疑う余地なし
第七次評価報告書（二〇二九年頃予定）　？

こうした自然科学分野における科学的知見の進展が国際政治を動かし、条約を策定する原動力になっていくのが地球環境条約の特徴です。一九九〇年のＩＰＣＣ第一次評価報告書が科学的不確実性はある

ものの、気候変動が生じるおそれは否定できないとしたことで、国連総会の決議により政府間交渉委員会が設置されて交渉が開始され、一九九二年に**気候変動枠組条約**が採択されます。ここからは、気候変動枠組条約がありながら、さらに、京都議定書やパリ協定が策定されていった過程を見ていきましょう。

3　気候変動枠組条約

気候変動枠組条約は一九九二年**地球サミット**の直前に採択され、二年後の一九九四年に発効しました。条約は策定されただけでは不十分で、署名や批准によって一定数の国が条約を守る意思を表明し、条約ごとに定められた条件をクリアした場合にのみ**発効**し、その国を法的に拘束します。

条約集を開くと条文がずらっと並んでいて辞書のように見えますが、実はここに重要な点が記載されています。気候変動枠組条約の第二条には条約の究極目的について、「気候系に対して危険な人為的干渉を及ぼすこととならない水準において大気中の温室効果ガスの濃度を安定化させること」と定められています。大気中の温室効果ガスの濃度はppmの単位で表されます。

第三条には気候変動枠組条約を貫く主な原則がいくつか書かれていますが、ここでは最も重要な**共通だが差異ある責任原則**をとりあげたいと思います。当時、ほとんどの国は国際社会全体で温暖化に取り組むための条約の必要性を認識していましたが、先進国と途上国の対立の最大の原因となったのがこの原則です。CO_2は先進国、途上国に関係なく、すべての国が排出します。しかし、イギリスの産業革命以降に化石燃料を燃やし、歴史的に累積すると圧倒的に多くのCO_2を排出して発展してきた先進国こそがより大きな責任を負うべきであり、先進国こそ率先して気候変動及びその悪影響に対処し、途上国に必要な資金の供与及び技術・ノウハウの移転を支援すべきという考え方はもっともです。つまり、温暖化の原因となるCO_2の排出について、先進国と途上国は共通に責任を持つけれども、その責任のレベルには差異があるべきだというのが途上国の主張でした。

気候変動枠組条約では、先進国が排出量を二〇〇〇年までに一九九〇年レベルに戻すとの努力目標を定めましたが、達成の見通しがないことが分かり、先進国に法的拘束力のある削減目標を課す議定書（のちの京都議定書）が必要との声が、条約に入っている**締約国**が集まる気候変動枠組条約の第一回締約国会議（COP1）で高まります。なお、COPとは様々な国際条約における締約国会議を指します。

COP13（バリ）

これが、気候変動枠組条約があるのに、なぜ京都議定書が必要なのか?という疑問に対する一つ目の回答です。二つ目の回答は、多くの国での合意を目指す地球環境条約では、まず反対がないであろう締約国の一般的義務（指針、基本原則）だけを条約で定めておき、意見が対立しそうな具体的義務（基準、手続き）については後から議定書（附属書）で定めるという**枠組条約**の形をとることがあります。気候変動枠組条約の「枠組」はこの意味です。

4 京都議定書

京都議定書は一九九七年に京都で開催されたCOP3で採択されました。水銀に関する水俣条約のように条約や議定書には採択された都市の名前がつくことがあります。また、地球環境条約は国際政治や国内政治の動向に大きな影響を受けます。最大の排出国であったブッシュ政権下のアメリカが二〇〇一年に離脱してピンチを迎えた京都議定書は、二〇〇四年のロシアの突然の批准表明で発効要件が満たされ、二〇〇五年に発効して法的拘束力が発生します。

京都議定書は、途上国にはCO_2排出の削減義務を課しませんでしたが、二〇〇八－二〇一二年の五年間に先進国全体で一九九〇年比で五％削減するため、当時の排出量に応じて先進国であるEUに八％、日本に六％、アメリカに七％（のちに離脱）の法的拘束力ある数値削減目標を課しました。

数値目標を達成する方法としては、まずは国内での削減努力や、CO_2の**吸収源**としての森林による対策が重要となります。しかし、**オイルショック**で**省エネ**が既にかなり進み、エネルギー効率が世界トップになっていた日本にとっては、乾いた雑巾を絞るようなさらなる国内削減に大きな費用（コスト）がかかります。このため、削減コストの安い途上国での削減を支援しながら、先進国としての削減目標を達成するインセンティブを与える仕組みとして、京都議定書を採択した時には詰め切れなかった議定書の細かなルールとしてCOP7で合意されたのが**京都メカニズム**です。

京都メカニズムには以下の三つがあり、いずれも企業が参加しやすいように、費用対効果の高い**経済**

的手法を活用しているのが大きな特徴です。一つ目の**クリーン開発メカニズム（CDM）**は、例えば日本が中国の古い石炭火力発電所に技術・資金を提供することで削減された排出量（**クレジット／排出枠**）を日本の六％削減目標の達成に使ってよい、という先進国・途上国間の支援メカニズムです。同様の支援を先進国同士でも行えるようにしたのが二つ目の**共同実施（JI）**で、例えばドイツ・ポーランド間での削減協力が例として挙げられます。三つ目が政府の間でクレジットの売買や取引を認めた**国際排出量取引**で、これによりクレジットが足りない日本のような国が余裕のある他国からクレジットを買って、六％の削減目標に使えるようにしました。

京都議定書で削減義務を負わなかった途上国では、その後の急速な経済成長、人口増加に伴い、温室効果ガスの排出量も急激に増加しています。将来的には、途上国の排出量が先進国の排出量より多くなるため、途上国自身による積極的な取り組みや支援が不可欠となります。一方で、一人あたり排出量も少なく、貧困等の問題を抱えるため、**持続可能な開発**（Sustainable Development: SD）に資する国際社会からの途上国支援が一層重要な役割を果たすことになります。近年は途上国グループ間における新興国（中国・インドなど）とその他途上国（産油国・後発開発途上国・島嶼諸国）の差が拡大し、途上国が一枚岩となって意見を集約するのが難しくなってきているのも実情です（木村、二〇〇九年a）。

京都議定書は二〇〇八－二〇一二年（第一約束期間）の五年間のみの目標であるため、まもなく二〇一三年以降の将来枠組みの交渉が始まりました。最大の焦点は、途上国も可能な範囲で対策を行い、京都議定書を離脱したアメリカなどの先進国も含めて、全ての国が参加する公平な枠組みをつくれるかでした。交渉は難航し、二〇一三－二〇二〇年（第二約束期間）の間はとりあえず京都議定書を延長することになりました。その後、二〇二〇年以降の新枠組みの議論が開始され、二〇一五年のCOP21で**パリ協定**が採択されました。

5　パリ協定

パリ協定は、今世紀末までに世界のGHG（温室効果ガス）排出を実質ゼロにし、産業革命以前に比べて気温上昇を**二℃**より十分低く保ち、**一・五℃**以内に抑える努力をするという世界共通の長期目標を掲げます。すべての国が削減目標を五年ごとに更新・提出し、実施の状況を報告してレビューを受け、世界全体の実施状況についても五年ごとに確認します。このため、各国が策定する国内削減目標をより野心的な目標に引き上げていけるかが鍵となります。

しかし、パリ協定発効後に長期目標の達成状況を確認するなかで、IPCC一・五℃特別報告書が予想以上に加速する温暖化に警鐘を鳴らしていましたが、世界気象機関（WMO）は二〇二四年に今後五年以内に八〇％の確率で気温上昇が一・五℃を超える可能性を指摘しています。グテレス国連事務総長も地球沸騰化の時代が到来したとし、パリ協定の実施状況は必ずしも順調とは言えません。

6　まとめ

第1章で見てきたように、気候変動枠組条約、京都議定書からパリ協定へと、気候変動に関する条約が定期的に更新されてきた背景として、自然科学に関する知見がまだ十分にない中で、その後の科学的知見の進展や集積が国際政治を動かし、条約を策定し、更新する契機となってきたことが挙げられます。これを可能としたのが、枠組条約という徐々に条約の目的を実現し、漸進的に条約を発展させる方法の採用であり、今日では多くの国の合意に長い時間のかかる他の地球環境条約においても不可欠な方法となっています。

一方で、気候変動という自然科学の問題は、法学や政治学などの社会科学で扱われてきたこれまでの国際社会の枠組みでは見られなかった外部的なファクターであり、現実の国際社会や国家は、客観的な科学的正しさを追究する自然科学だけでは動かないことから、国の実情や現実、そして限界を扱う、国際関係や政治学などの社会科学的なファクターが条約の進展に大きな影響を与えてきたことも分かります。条約策定の際に必ずしも予想できなかった、その後の途上国の急速な発展や、それに伴う国際社会における発言権や政治力学が変化するなかで、そうした新たな主体（アクター）を取り込んでいく必要に迫られたことも、条約が定期的に更新されてきた理由として挙げられます。

コラム　海外での環境の仕事とコロナ禍後の国際会議のニューノーマル

筆者は、社会人三年目に銀行系シンクタンクから転職した研究所で、気候変動に関する調査・研究を行っていました。そこでは主な仕事として、毎年世界中で開催される気候変動枠組条約のＣＯＰのサイドイベントで研究調査の結果を発信したり、外国政府や研究機関と共同で会議やワークショップを開催したり、日本で市民セミナーを開催したりしました。

職場では、外国籍のリーダーのもと、半分を日本人が占めるチームの会議を英語で行い、英語レポートにはネイティブの上司からチェックを受けました。今でも英語論文の表現に査読者から指摘を受けることはあります。語学を習得するには地道に研鑽を続けるしかありません。最近ではYouTubeでフランス語ニュースや国際裁判もリアルタイムで聴くことができるようになりました。

語学の習得の早さや体力（時差ぼけ対策）面での対応力も含めて、異なる環境や文化に適応して新たなことを吸収するのは、やはり若い方が早いです。海外の仕事に興味がある方は、まずは外に飛び出してみてください。

ちなみに、気候変動枠組条約のＣＯＰは五大陸の持ち回り開催で、これまでに私が行った国を数えてみると、米、カナダ（北米）、アルゼンチン（南米）、英、仏、独、伊、蘭、ベルギー、スペイン、スイス、デンマーク、フィンランド、スウェーデン、ノルウェー（欧州）、豪、ニュージーランド、中国、インド、タイ、韓国（アジア太平洋）、ケニア、ガーナ（アフリカ）の二三カ国でした。気候変動枠組条約の締約国は二〇〇国弱なので、世界はやはり広いと感じます。

新型コロナウイルス感染症拡大の際には世界中から大勢の人が参加する国際会議はキャンセルさ

れるかオンラインへ切り替わりとなりました。気候変動の会議での一五分の報告のために飛行機に乗って大量のＣＯ$_2$を排出していたのが、ＵＲＬをクリックするだけで報告ができるというのはまさにテクノロジーの恩恵です。ただ、国際交渉やネットワーキングには対面のメリットも大きいため、これからは環境負荷の大きな国際会議はなるべく回数を減らし、普段はオンラインというのがニューノーマルになるのではないでしょうか。

求められる英語能力は基本的には変わりませんが、通信状況がよくない場合もあり、ビデオこそあれ音声で状況を把握する必要があるため、今までよりも国際電話で求められるようなリスニング力が重要になると感じています。時差の壁は残ったままで、オーストラリアはほとんど支障がなく、夕方からヨーロッパとつながりやすくなりますが、アメリカの業務時間は日本の真夜中が多いので、専らオンデマンド録画に頼っています。

第2章　気候変動問題の展開〈発展編〉

1　非政府主体としての若者による気候変動訴訟

気候変動で役割を増す非政府主体としての若者

京都議定書やパリ協定など条約の主体は、基本的には国（締約国）になります。条約の約束を守るために、法律や政策を策定するのは政府の役割で、それを地域で担うのが自治体や都市です。実質的な排出削減は企業や個人が行い、非政府組織（ＮＧＯ）による啓蒙活動は市民の取り組みを促します。こうした**非国家主体**による削減や取り組みなしでは、短期の目標を定めた京都議定書に比べて中長期の大規模削減は到底、見込めないことから、特にＣＯＰ17（二〇一〇年、ダーバン）以降に注目されるようになりました。なかでも、近年、気候変動において重要な役割を果たすようになってきているのが若者です（Kimura, 2018b）。

日本ではまだ、それほど注目されていないこの気候変動の文脈における「若者」については、実は正確な定義があるわけではなく、英語でもYouth（若者）とか、younger generation（若い世代）とか、選挙権を持たない青年、子どもといった幅広い集団として捉えられています。日本では、二〇二二年民法改正で成年年齢が二〇歳から、選挙権をもつ一八歳に引き下げられましたが、実際には、高校生、大学生、場合によっては三〇代の社会人も「若者」として扱われることもあり、曖昧な概念であることは確かです。

近年の猛暑や災害は、私たちに地球温暖化、気候変動の問題が深刻化していることを否応なしにつきつけていますが、それを自分ごととして真剣に捉え、憂慮しているのが、将来を生きる世代としての若者です。なぜなら二〇五〇年は決して遠い未来ではなく、少し先の現実だからです。気候変動で悪化する将来を悲観する若者が増え、子育て大国フランスでも近年、出生率が低下している要因の一つとして、子供が生まれる将来への懸念が挙げられています。

若者の役割が注目されるようになったきっかけは、二〇一八年にグレタ・トゥーンベリさんが「私たちの家が燃えている」、気候変動を止めてほしいとスウェーデン議会前に一人で座り込んで、毎週金曜日に学校ストライキを始めたことです。国連気候行動サミットでは怒りの演説で**気候正義**を訴え、他の若者と**国連子どもの権利委員会**に法的申立てを行って政府の無策を非難します。こうした行動が**フライデー・フォー・フューチャー**（未来のための金曜日）として世界中の若者に拡大していき、選挙権がないため社会の意思決定に参加できない若者の声に大人も耳を傾けるようになります。若者が自分たちの考えを主張する方法として、従来の政治的な意思表示としてのデモだけでなく、環境ＮＧＯや弁護士などの大人のサポートを得ながら、気候変動訴訟という法的な手段により、より永続性のある安定的な新しい権利の確立を目指しているのも大きな特徴です。

ここでは、若者による代表的な気候変動訴訟をご紹介したいと思います。

ノルウェーの風力発電訴訟

若者による座り込みの抗議は、ノルウェーでも起こりました。天然ガス生産大国のノルウェーでも、サンタクロースで有名な北極圏のラップランド地方で、脱炭素政策の一環として風力発電の建設が進められることになりました。問題は、風力発電所の建設場所がもともと北欧三カ国とロシアにまたがってトナカイの放牧を営む先住民族の**サーミ**の人々の土地であったため、風力タービンの音をトナカイが怖がり、サーミの人々の文化ともいえる放牧に悪影響が生じるということでした。

ちなみに、ディズニー映画『アナと雪の女王』でトナカイ飼いのクリストフはサーミ人をモデルにしていますが、一作目『アナ雪1』でサーミの民族や伝統文化への敬意が足りないとの批判から、『アナと雪の女王2』ではサーミの代表者に助言を受けたという裏話があります。

二〇二一年にノルウェーの最高裁判所は、ヨーロッパ最大の風力発電所の騒音がトナカイを怖がらせ、**市民的及び政治的権利に関する国際規約**で保障する文化権を侵害しており、サーミの人々の土地の収用は無効であるとしました。しかし、判決が出た後も、風力発電所が稼働しつづけたため、サーミの若者がテントを張って座り込みの抗議活動を起こしました。二〇二三年、風力発電所を稼働する電力会社とサーミの人々が和解に至り、別の土地でもトナカイの放牧ができるようにし、風力発動の弊害を和らげつつ、その稼働を認めることになりました。

風力発電は、サーミの人々、地域住民、パリ協定の目標を達成する政府、電力会社、誰のための取り組みでしょうか？　もともと住んでいた土地を奪われたサーミの人が、グリーンな風力発電の建設のために、さらに土地を奪われるという、**緑の植民地主義**とも呼ばれるこの問題は、パリ協定が求める**公正なエネルギー移行**がいかにあるべきかを問いかけています。なぜなら、パリ協定で想定されているのは、主に、石炭からクリーンエネルギーへの移行、大規模な産業構造の変化に伴う失業など労働者への配慮だからです。

本訴訟の影響は大きく、二〇二四年にもノルウェー政府は石油プロジェクトの認可を違法とした、若者による別の訴訟でも敗訴しています（Kimura, 2024）。化石燃料を**座礁資産**として投資撤退を迫る欧米のＥＳＧ（環境・社会・ガバナンス）の潮流は、こうした形でも表れていると言えます。

アメリカ・ジュリアナ訴訟

アメリカではジュリアナさんら二一名の若者が、政府が温室効果ガスの排出抑制を怠ったことで、若者の生命、自由、財産に対する憲法上の権利を侵害したと主張しました。連邦裁判所は、政府による訴訟取り下げや裁判延期の申し立てを繰り返し退けましたが、最終的には訴えを棄却します。しかし、同様の試みは以下モンタナ気候変動訴訟に受け継がれます。

アメリカ・モンタナ気候変動訴訟

二〇一一年には一六人の若者が、気候変動への影響を考慮せず、温室効果ガスの削減義務のない石炭産業に依存するモンタナ州の産業寄りの化石燃料推進政策が、気候危機を悪化させ、若者の生命を危機にさらし、現在および**将来世代**に**清潔で健康な環境に対する権利**を保障するモンタナ州の憲法に違反するため、モンタナ州には気候変動に対処する義務があると裁判所に宣言してほしいと訴えました。近年注目される**気候変動に対する人権アプローチ**を採用した気候変動訴訟の一つと言えます。

興味深いのはこの一六人の若者の中に、先住民族であるネイティブ・アメリカンが含まれていることです。モンタナ州氷河国立公園の氷河は気候変動により二〇三〇年までに消失すると予測され、先住民族に代々、受け継がれてきた伝統薬、食料、資源、環境、土地、祭祀、文化、個人の尊厳に影響があるだけでなく、不安、絶望など精神的被害をもたらし、自分の将来の子どもが成長する世界を恐れて、子どもを持つことをためらっているのだと裁判で訴えました。他の若者は、スキーやハイキングができなくなると主張しました。

政府の反論にもかかわらず、モンタナ州の裁判所は若者寄りの判決を下します。モンタナ州が訴訟で問題となった石炭に関するエネルギー政策を修正するかが注目されます。

豪トレス海峡諸島の気候変動訴訟

モンタナ気候変動訴訟は先住民族も含めた複数の若者が訴訟を起こしたことで、先住民族だけでなく、幅広い人々の幅広い関心を呼びました。先住民族の文化的権利により焦点をあてた訴訟として、オーストラリア領トレス海峡諸島の先住民族の若者ダニエル・ビリーさんらが、政府の無策を**自由権規約委員会**に通報したケースがあり、オーストラリア政府が気候変動の深刻な影響からトレス海峡諸島の先住民族を適切に保護できず、彼らの人権を侵害したと認める歴史的な判決が二〇二二年に下されました。

オランダ・ウルゲンダ気候変動訴訟

こうした若者による一連の気候変動訴訟の原点になっているのが、二〇一三年の市民団体ウルゲンダによるオランダの気候変動訴訟です。オランダ政府の政策はＩＰＣＣが示唆する二〇二〇年までに先進国に必要なＣＯ２の二五－四〇％削減に及ばず、最大でも一七％削減しか実現できないことが人権侵害で不法行為にあたるとし、四〇％削減の目標設定を求めて政府を訴えます。ハーグ地方裁判所は**世代内・世代間の衡平**に配慮し、政府は少なくとも二五％削減する必要があるとの判決を下しました。

オランダの気候変動訴訟自体は、若者による訴訟ではなく、市民団体が若者も含めた世代間の衡平などを訴えたものですが、大人が若者の権利を代弁して訴える初期の気候変動訴訟をより効果的にし、勝訴の確率を上げる上でも、次第に、若者自身が訴訟の当事者となることが求められるようになったこともあるでしょう。

オランダでは別の訴訟で裁判所が石油会社のシェルに二〇三〇年までの排出量の四五％削減を求めましたが、シェルは本社を英国に移転し、判決を不服として控訴しました。

二〇二四年には、日本でも名古屋地方裁判所に若者だけが原告になった国内初の気候変動訴訟が提起されました。深刻化する気候変動を食い止めようと、全国の一五－二九歳の若者一六人が大手電力など一〇社の不法行為に基づき、国際目標の達成を妨げるＧＨＧ排出の差し止めを求めたもので、裁判所の判断が注目されます。

2　航空機からの排出

飛行機に乗るのは飛び恥？

ここで皆さんに質問です。自分でも何か気候変動対策に貢献したいと考えているとして、電車での移動に二時間半かかる場合、一時間で移動できる飛行機に乗りますか？　ちなみに、東京－新大阪が新幹線のぞみで二時間半です。それでは、電車で四時間の移動ならばどうでしょう？

これは、温暖化対策として短距離フライトを廃止したフランスの実際の事例です。もちろん、チケットの値段は大きな決定要素ですが、電車の数十倍のCO_2を排出する飛行機に乗るのは恥ずかしい「**飛び恥**」との認識がヨーロッパで広がっていたのです。

コロナ禍明けに久しぶりに南仏プロバンスの学会に行くことになりました。以前ならば、パリの空港からそのまま飛行機を乗り継ぎ、地中海に面するマルセイユ空港からはプロバンス行きのシャトルバスに乗るのが最短ルートです。ところが、コロナ禍明けにはパリ－マルセイユのフランス国内の短距離フライトが減便されて既に航空券が売り切れていたので、気候変動対策のためと初めて電車で行くことにしました。

ところが、パリの空港で次の最終電車に乗るまで駅で五時間待ち、三時間半かかるはずの電車がさらに遅れ、マルセイユに着いたのは既に真夜中。夜風の中でシャトルバスを待ってホテルに着いた頃には、ウクライナ戦争の影響でロシア上空のかわりにアラスカとグリーンランド上空を一四時間以上かけて遠回りした上に、パリ到着からさらに一〇時間の移動でへとへとになっていました。

実は、フランスはCO_2削減の一環で国際線からの乗継便（私の出張ではパリ－マルセイユ）以外の国内の短距離フライトを二〇二三年に禁止していたのです。この規制が導入される前に、エマニュエル・マクロン仏大統領が創設した、市民で構成される**気候市民会議**が、電車で四時間以内で移動できる場合には飛行機の利用を禁止すべきという提案をしていました。しかし、新型コロナウイルス感染症で大きな打撃を受けていたエールフランスKLMグループなどの航空業界が反対したため、最終的には電車で二時間半以内で決着しました。フランスに続き、スペイン政府も同様に電車で二時間半以内の短距離フライトの禁止を二〇二四年に提案しました。日本はどうすべきでしょうか?

航空機からの排出をめぐる争い

実は、飛行機の国際線と船の国際便からのCO_2排出は、もともと京都議定書の削減義務の対象には含まれていなかったのです。それでは、私の東京－パリの移動によるCO_2排出の責任は、誰にあるのでしょうか?　日本の排出、あるいは航空会社の排出としてカウントするのでしょうか?　それとも乗客として私が何らかの形で責任を負うべきでしょうか？　国際線の扱いについてはこのように判断が難しいため、国連の専門機関である国際民間航空機関（ＩＣＡＯ）に対応を委ねることになっていました。こうしたなかで事件が起こります。

前述のように、京都議定書の京都メカニズムの一つである国際排出量取引は国同士でクレジットのやりとりを認めたものです。これを応用したのが、ＥＵ加盟国に大規模排出施設を持つ企業に排出削減を義務づけ、目標を達成できない場合に企業間でのクレジットの取引を認めた**欧州排出枠取引制度（EU ETS）**です。ＥＵはこうした規制の要素を持つ制度を、欧州にある航空会社だけでなく、例えばＪＡＬなど欧州に路線を持つ外国航空会社にも広げ（これを規制の**域外適用**と言います）、ＥＵ離脱（ブレグジット）前でまだＥＵ加盟国であったイギリスはＥＵの規制を国内で実施します（木村、二〇一二年）。

これに憤慨したアメリカの航空業界が、ＥＵの規制は主権を侵害し国際法に違反するとしてイギリスの裁判所に訴えますが、どう判断すべきか意見を求められたＥＵの裁判所は本規制は問題ないとします。事態はさらにエスカレートし、中国はヨーロッパの大手航空機メーカー、エアバスの航空機の発注をストップし、ロシアは自国上空を飛行するＥＵの航空各社に通過料の値上げを示唆し、貿易摩擦に発展しかねない状況となります。

欧州排出枠取引制度の航空分野への域外適用については、航空機から排出されるCO_2の削減コストを国際的に調整して、企業の国際競争力に与えるマイナスの影響を是正する積極的な気候変動政策として前向きに評価する声もあります。

しかし、やはり同じような問題として、ＥＵで導入された**炭素国境調整措置（ＣＢＡＭ）**は日本企業にも大きな影響を与え、国際貿易に関するＷＴＯ協定に違反するのではとの懸念もあります。強力な環境規制でも一方的に外国に拡大しようとすると（**一方的措置**）、貿易や外交に大きな摩擦をもたらすことが分かります。

航空会社の排出削減対策

近年、航空会社も二〇五〇年**カーボンニュートラル**（炭素中立）を目指した様々な経営努力を行っています。機体の素材を軽くして燃費効率を改善したり、CO_2排出量の少ないバイオ燃料や、家庭の使用済み食用油を活用する持続可能な航空燃料（**ＳＡＦ**）を使用したり、ＩＣＡＯが導入した**カーボン・オフセット**（相殺）を活用したりしています。また、埋立地から排出されるメタンガスをジェット燃料に活用する技術なども開発されています。

3　オゾン層保護と温室効果ガス

オゾン層保護と温室効果ガス

オゾン層破壊の原因であるハイドロクロロフルオロカーボン（ＨＦＣ）などの**フロンガス**を規制する**モントリオール議定書**はオゾン層の保護に重要な役割を果たし、多くの地球環境条約の中で、最も成功した条約の一つと評価されています（木村、二〇一七年ａ）。

例えば、ＨＦＣ23はＣＯ$_2$の一万倍以上の強力な温室効果を持ちます。ＨＦＣの一部は、京都議定書が対象とする六つの温室効果ガスの一つとして先進国では削減対象となっていましたが、途上国については削減義務が課されていませんでした。また、モントリオール議定書では、むしろオゾン層を破壊しない**代替フロン**としてＨＦＣの使用が推奨されました。こうして、いずれの条約においても十分な対応がなされないまま、特にフロンガスが用いられるエアコン、断熱材、自動車のエアバッグの需要が大幅に伸びた新興国などの途上国で、ＨＦＣの排出量は増加していきました。このため、温暖化に大きく寄与するフロンガスを京都議定書で対応すべきか、あるいはモントリオール議定書で対応すべきかが検討されてきました。

モントリオール議定書のキガリ改正

最終的には、モントリオール議定書の二〇一六年締約国会合で、ＨＦＣの生産及び消費量の段階的削減義務などを定める本議定書の改正（キガリ改正／ＨＦＣ改正）が採択され、ＨＦＣはモントリオール議定書の規制対象となりました。

本改正では、各国の発展段階に応じて締約国を三グループ（先進国、（中国・ブラジルなど）途上国グループ１、（インド・湾岸諸国など）途上国グループ２）に分類し、途上国についても中長期の生産及び消費量の段階的削減を義務化しました。京都議定書における**共通だが差異のある責任原則**では、先進国のみに削減義務を課し、途上国には削減義務を課していませんでしたので、開始時期や目標達成時期を遅らせた上で途上国にも先進国同様の削減義務を課したことには大きな意味があります。
キガリ改正の直後にはパリ協定が採択されており、これを見越して京都議定書の規制対象であったHFCをその強力な温室効果ゆえにより実効性を有するモントリオール議定書でも規制対象とした点は、パリ協定を補完し、地球環境条約間の整合性を図る取り組みとして評価できます。

4 気象災害と損失と損害（ロス&ダメージ）

日本でも近年、猛暑と温暖化が数カ月続く、二季化現象が顕著になってきていますが、日本列島はもともと温暖な気候と季節風（モンスーン）がもたらす色とりどりの四季、豊かな森と水に恵まれてきました。同時に昔から、地震、津波、火山の噴火など多くの**自然災害**や、台風、豪雨、洪水、猛暑などの**気象災害**に見舞われてきました。

特に近年、気候変動が主な要因と考えられる気象災害が激甚化し、**線状降水帯**が特定の地域にとどまって極端な豪雨が人的・物的損害を与えるようになってきています。世界気象機関（WMO）によると世界の気象災害は過去五〇年で五倍に増加し、死者は二〇〇万人超、損失額は約四〇〇兆ドルと推計されています。このため、日本企業が強みを持つ観測データの分析・予測、気候情報サービスの提供など、気象災害の早期警戒システムの整備が重要となります。

二〇一三年一一月にフィリピンを襲った台風ハイエンが発達した当時の海水の温度は約二九℃の高温でした。二〇二三年には、世界全体のわずか〇・三%しかCO_2を排出しないパキスタンの氷河湖が五一℃の熱波で決壊して国土の三分の一が水没し、大規模洪水の原因が気候変動にあるとされました。近年では、従来は困難だった、ある気象イベントに気候変動がどの程度、寄与しているか（**イベント・アトリビューション**）が科学的にも明らかにできるようになってきています。また、気候変動による異常気象を考慮していないダムなどインフラの老朽化の問題は先進国にも存在します。

こうした異常気象の激甚化については、京都議定書のもとでの適応策ではもはや対応できないことから、パリ協定では異常気象などを含めた気候変動の悪影響に関連する**損失と損害（ロス&ダメージ）**が議論されるようになりました。そして、締約国は最も脆弱な国を支援する**損失と損害基金**の設立にＣＯＰ17（二〇二二年）で合意しました（木村、二〇二四年ｄ）。

国際社会による資金支援が限られているなか、既存の資金メカニズムとの関係についても整理する必要があります。気候変動枠組条約など地球環境条約の資金メカニズムであり、ドナーからの拠出金で運営される**地球環境ファシリティ（ＧＥＦ）**が委任された任務（マンデート）に損失と損害は位置付けられていないものの、関連する支援は既に実施されています。同様に、パリ協定の下で年間一〇〇〇億ドルの気候資金を先進国が途上国に拠出する**グリーン気候資金**のマンデートに加えられれば、早期警報システムや気候リスク低減なども支援の対象となる可能性はあります。この他、京都議定書の下に設置された**適応資金**や、世界銀行や**ＩＭＦ**（国際通貨基金）などによるその他の開発資金との重複についても精査する必要があります。

コラム　歴史を動かしてきた気象災害

気象災害については、実は日本の長い歴史を振り返ると、飢饉、疫病、戦争の原因となるなど、大きな影響を与えてきました。ここでは、日本史の授業を思い出しながら、気候変動の歴史を振り返ってみましょう。

マンモスを追って狩猟を行っていた**氷河期**が終わり、温暖な**後氷期**を迎えた縄文時代の人々は、自然環境を利用した**持続可能なライフスタイル**を送っていたと考えられます。氷河期のモミなどの針葉樹にかわり、ブナ・クルミなどの落葉広葉樹に恵まれ、計画的に森造りをしてクリなどを採集しながら、狩猟採集民は定住を始めます。

気温の低下で約二五〇〇年前に減少した日本の人口は、弥生・古墳・飛鳥時代には、大陸からの渡来人の移住や、水田技術の伝来による農業生産の向上で増加に転じます。

奈良時代には、「あをによし　寧楽(なら)の京師(みやこ)は　咲く花の　薫(にほ)ふがごとく　今盛りなり」と万葉集にも詠まれたように、太陽活動が活発化して温暖化し、農業生産が増加します。古事記や日本書紀からも、豊穣な土地に恵まれ、高い農業生産力を有していたことが分かります。

しかし、奈良時代の後半には、「疫病と干ばつが並び起こって、田の苗は枯れしぼんでしまった。このため山川の神々に祈祷し、天紙地祇に供物を捧げてお祀りをした」と歴史書にも記述されているように、藤原四兄弟の死をもたらした天然痘、マラリアなどの疫病が大流行し、干ばつで飢饉が起こります。祈祷で雨乞いに頼る様子が窺えますが、今日のような科学に基づく対策は行われていません。

東大寺などの巨大な木造建築は良質で大量の木材を必要とするため、**森林破壊**をもたらします。鉄・青銅器の精錬技術が伝来し、鉄をつくるのに必要な炭にするために広葉樹が伐採され、馬の飼育のため草木が伐採され、森林火災も多発しますが、計画的な植林は行われません。

貴族社会から武家社会へ移り変わる平安～鎌倉時代には、方丈記でも描かれたように、戦乱、飢饉、疫病、地震、竜巻に見舞われ、財政困窮、社会不安、干ばつで農民の逃亡が相次ぎます。当時の天皇は、天災は自身の不徳と反省して恩赦を行い、朝廷も幕府に祈祷・読経を働きかけます。日蓮はこうした**天変地異**に対して「南無妙法蓮華経」を唱えるよう幕府を批判して島流しにされます。政治的には不安定な時代でしたが、人々が農業技術の向上により気候変動への対応力を向上させた努力は、現在の適応策にあたります。

室町～戦国時代には、冷害・長雨など気象条件の悪化による飢饉から正長の土一揆が起き、応仁の乱を経て下剋上の時代が到来します。農民は飢饉から生き残るために武装化して足軽になりますが、やがて戦国時代は終わりを迎えます。

江戸時代の人々は**循環型ライフスタイル**で日々の生活を営み、現代の私たちにとってもお手本となるような、廃棄物・リサイクルの取り組みをしていました。江戸時代には、第五代将軍徳川綱吉が飢饉の中で**生類憐みの令**を徹底し、第一〇代将軍家治の時代は飢饉で米問屋の打ち壊しが起こり、浅間山大噴火が起きて社会が混乱するなど、世界的な寒冷化の中で多発する火山噴火・飢饉に対応する将軍の指導力が問われました。気候変動をもたらす長期的な気象要因として、例えば、火山噴火は寒冷化と農作物の凶作をもたらします。

この頃、イギリスでは産業革命が起こり、人為的なCO_2排出の増加が始まり、イギリスの一大食料供給地となっていたアイルランドでは気候変動に強い種として栽培されていたはずのジャガイモ飢饉が起こります。

農業生産性の向上により縄文時代から少しずつ増加してきた日本の人口は江戸時代以降、明治維新まで約三千万人で推移します。ちなみに、明治維新に急増した人口は二〇〇八年の約一・二億人をピークに少子高齢化が急速に進み、二一〇〇年にはその半分の約六千万人になると予測されています。

明治時代には、東北で冷害、冷夏による明治凶作が起こり、米の自給率が低下したため、輸入・品種改良に頼ります。

昭和時代には、冷害による昭和凶作と昭和恐慌で小作農は困窮しますが、戦後、**異常気象**の災害に対する農業災害補償制度が整備され、室戸台風や伊勢湾台風による農業被害に対応します。また、

「飢饉は海から来る」と言われるように、三〇－四〇年周期でやってくる凶作の長期予報の技術が進展します。そして、IPCCにより科学に基づく温暖化への警鐘が行われるようになります。

平成に入ると、黒点の減少とともに太陽活動が減少し、ピナツボ火山が噴火し、冷害による凶作の中でタイ米が緊急輸入されます。

5　気候難民

損失と損害の一つに、気候変動が原因となる自主的な移住、あるいは強制的に移住を迫られる人の移動、人の生命や生活への被害などが挙げられ、海面上昇に直面する島嶼諸国などで現実の問題となっています。ここでは、こうした気候難民の問題に焦点をあててみたいと思います。

気候変動の影響は特にアフリカなどで顕著に表れ、干ばつや飢餓など深刻な災害を引き起こすだけでなく、土地や水をめぐる紛争の原因となります。作物がとれなくなった母国を離れて、難民となった人々は危険を冒して小さな船でヨーロッパに渡ろうとします。難民の受け入れに積極的だったヨーロッパ諸国でも、受け入れの能力の限界を超え、加盟国間の負担や国内での雇用をめぐる争いが起こるようになります。このため、気候難民は安全保障に影響を及ぼす**気候安全保障**の問題として捉えられています。

難民条約において難民として保護されるのは、基本的に政治的迫害を受ける政治難民ですので、自然災害や気候変動を要因とする難民は現在の難民条約の保護の対象となりません。その一方で、一九九〇年に一・五億人の気候難民は、二〇五〇年に二・五億人に急増すると予測されていました（Kimura, 2018a）。

こうしたなか、太平洋の島国のキリバスのテイティ・オタさんが、海面上昇で沈みつつある母国に未来はないため、妻と子どもとともにニュージーランドの裁判所に**気候難民**として移住を認めてほしいとの世界で初の訴訟を二〇一三年に起こします。前述のように、気候難民は難民として認められていないため、訴訟は却下され、母国に送還されました。その後、このキリバス人のテイティ・オタさんが申し立てた**国連人権理事会**も、差し迫った危機とはいえないと訴えを却下しますが、同時に各国に気候変動を要因とする難民の受け入れを促しました。

キリバスは、将来の移住に備えた適応策として隣のフィジーで土地を購入しています。ソロモンでは、海面上昇でタロ島の全住民が国内の別の島に移住を迫られました。言葉や文化の異なる遠い外国に移住するのはハードルも高いため、多くの場合は、国内でより安全な別の場所に移住する**国内避難民**の問題になると思われます。気候変動が原因となって迫られる国内避難民については他山の石ではなく、日本でも起こりうる問題です。

6　まとめ

第2章では、気候変動に関する条約が発展する過程で生じた新たな課題や、既にある気候変動以外の条約との関係についてとりあげてきました。こうした新たな問題に対処するためには、まず関係する異なる条約の間のどこに法的な抵触があるかを整理する必要があり、その上で問題解決のための条約間のシナジー（協調）の可能性を探ります。ＨＦＣ規制をめぐるオゾン層レジームとの調整はこれがうまく機能した事例と言えます。

条約間だけでなく、時として、国際社会においては政治的な妥協や解決がはかられる場合もあります。しかし、同じ法学の中での条約間の調整もさることながら、法学とその他の社会科学のシナジーはそれほど簡単には実現されないのが現実です。ここに学際性の難しさと、挑戦すべき理由があります。

第3章　気候変動とエネルギーとの関係

1　ウクライナ戦争で考えるエコサイド（環境犯罪）と戦争によるCO_2排出

ウクライナ戦争による環境破壊

戦争は最大の環境破壊であると言われます。私たちはウクライナ戦争でこの現実を目の当たりにしました。ウクライナ戦争によりどのような環境破壊が起こったか見ていきます（木村、二〇二四年c）。

ウクライナでは、インフラ復興、避難者の移動、戦闘、火災、天然ガスパイプラインからの漏洩などで、侵攻から七カ月でオランダ一カ国が一年に排出する量と同じCO_2が排出されました。

マリウポリでの残虐行為を受け、ウクライナはロシアの気候変動枠組条約の加盟国資格の終了を含め、一四の国際環境条約の停止を国際社会に求めました。なぜなら、ウクライナや世界が気候変動に適応する能力、穀類やひまわり油の生産、森林や湿地の生態系に打撃を与え、気候変動の予算を武器に使用せざるをえない状況に追いやり、ロシアの全面侵攻による国際法違反及び人権侵害がこうした環境条約の義務を根本的に変えたからです。ウクライナ以外でも、ロシア北極圏やバルト海での何者かによる天然ガスパイプラインの爆破工作により多くのＣＯ$_2$が排出されました。

チェルノブイリ原発やザポリージャ原発への攻撃は電力停止による放射性物質放出の恐れを生じさせました。また、カホフカ水力発電所の一部破壊は、原発の稼働に必要な水の供給途絶への危険、洪水、農地や動物園の浸水、魚類や動物の死滅、油流出によるドニエプル川及び黒海の汚染、汚染水による感染症リスクをもたらしました。

ジュネーブ条約は、軍事目標である場合であっても住民に重大な損失をもたらす場合の、原発やエネルギー関連施設やダムを狙った攻撃、食糧、食糧生産のための農業地域、作物、家畜、飲料水の施設及び供給設備への攻撃や破壊を禁止しています。スターリンによる人為的大飢饉であるホロドモールにより多くの餓死者が出た世界恐慌の時からの欧州の穀倉地帯であり、大量の小麦を輸出するウクライナの農地の浸水や環境汚染は、世界の食料安全保障やサプライチェーンにも大きな影響を及ぼしました。

また、ウクライナの年間廃棄物量に相当する、危険物や有毒物質を含むコンクリートやれんが造りの集合住宅や個人宅が全半壊しました。震災がれきの処理・リサイクルの経験のある日本の協力を受けて、街や建築物の再建の原料にする予定となっています。国連環境計画（ＵＮＥＰ）によるとミサイル攻撃、砲撃、石油貯蔵庫への攻撃、地雷や不発弾による有害物質の流出で土壌や水質が汚染され、南部ヘルソン州のドニエプル川の魚の大量死や黒海周辺の汚染が懸念されます。放射性廃棄物を使用する劣化ウラン弾、弾薬や火薬に含まれるニッケルやカドミウムなどの重金属は、腎不全、癌などのリスクを高めます。

ウクライナ戦争では、欧州随一の豊かな森林が消失し、戦闘による森林火災などでキーウの大気汚染は世界最悪レベルとなりました。ウクライナには多くの希少種や固有種の生物が生息しますが、アゾフスタリ製鉄所の貯蔵施設の破壊により黒海に硫化水素が流出し、マリウポリ市議会はアゾフ海の全動植物の絶滅危機を警告しました。

ウクライナのウラディミル・ゼレンスキー大統領が**エコサイド**（環境犯罪）と非難したように、黒海に生息するイルカが打ち上げられて絶滅の危機に瀕し、その原因として爆発やロシア艦船のソナーの可能性が指摘されています。市民が収集した情報やソーシャルメディアに投稿されたイルカの漂着情報を活用して調査が行われ、将来、ロシアに環境破壊の責任を問えるように、全省庁を挙げて証拠の保存を行っています。

武力紛争下の環境保護とエコサイド（環境犯罪）

武力紛争中の環境保護について、**ジュネーブ条約**は「自然環境に対して広範、長期的かつ深刻な損害を与えることを目的とする又は与えることが予測される戦闘の方法及び手段を用いることは、禁止する」と定めていますが、実際には、武力紛争下で環境保護に注意が払われることはほとんどありません。

アカデミー賞を受賞した映画『オッペンハイマー』が描いた、広島・長崎への原爆投下の後も、ベトナム戦争による枯葉剤、湾岸戦争による油汚染などが問題となりました。民族そのものを破壊するという**ジェノサイド**の考え方に基づき、一九七二年国連人間環境会議から議論されてきた**エコサイド**を改めて見直し、意図的で大規模な環境破壊を防ごうという機運がウクライナ戦争により再び高まっています。エコサイドについては、今後、ウクライナが環境復興を通じた近代グリーンエネルギーのリーダーを目指す上でも重要な考え方となると考えられます。国際刑事裁判所（ICC）でも将来的に過度な環境破壊を国際犯罪、すなわちエコサイドとして法的に位置づけるため、二〇二四年に協議を開始しています。

2　ウクライナ戦争による気候変動とエネルギー安全保障の両立

ウクライナ戦争の気候変動・エネルギー政策への影響

二〇五〇年炭素中立を目指したパリ協定に基づく気候変動政策の一環で、石炭、石油よりCO_2排出の少ない**天然ガス**への移行を進めていたなか、突如始まったウクライナ戦争により、国際社会はエネルギー危機に直面し、自国のエネルギー安全保障を見直す必要に迫られました。化石燃料の使用が増えてCO_2排出が増大し、石炭から再生可能エネルギーへの**公正なエネルギー移行**が遅れたり、炭素中立の達成経路を変更せざるをえなくなりました。

EUは、二〇五〇年までの気候中立の目標を後退させず、これを維持するため、再生可能エネルギーの割合を増やし、雇用を創出しながら排出量の削減を促進する新しい成長戦略として**EUグリーンディール**政策を更に推し進めます。そして、二〇三〇年までに約四割も依存していたロシア産天然ガスから脱却することを目指した**リパワーEU計画**にも着手します。また、天然ガスの供給先を多様化してリスクを分散化し、政治的な緊張関係にある国も通さざるをえないパイプライン敷設が必要な気体の天然ガスでなく、大量輸送が可能な**液化天然ガス（ＬＮＧ）**の割合を増やします（Kimura, 2023a）。

ＥＵ加盟を望むウクライナは海外から輸入した天然ガスにより発電した電力をＥＵに供給していました。しかし、クリミア橋の爆発に対するロシアの報復で、石炭火力発電所などが攻撃を受けて全電力の四割を失い、ＥＵへの電力供給を停止せざるをえない状況となりました。ＥＵはウクライナに太陽光パネル設置の資金を支援し、ＥＵ全体でもそれまで比較的、各加盟国の裁量が強かったエネルギー分野での結束を強めます。

しかし、二七加盟国で構成されるＥＵでは、国によりロシアとの関係やエネルギー事情が大きく異なります。天然ガスを代替するエネルギーがないなかで、世界でも、イギリス、フランス、日本など化石燃料に依存した国や、特にロシア産の天然ガスへの依存度が高い、ドイツ、イタリア、オランダなどは石炭、石油、原子力に回帰せざるをえない状況に追い込まれました。

特にドイツは、ロシアとの密接な経済関係から、ウクライナ侵攻に明確な姿勢を見せることができませんでした。しかし、国際社会からの批判を受け、緊張緩和（デタント）以降、ロシアと進めてきた既存のパイプラインによる供給を見直し、バルト海で爆破された海底パイプラインであるノルドストリーム２の建設を停止し、ノルウェーからの天然ガス輸入に切り替えます。

ドイツはロシア産石炭の輸入も制限したため、緑の党を含む政権は、世論の変化も受け、それまでの野心的な気候変動政策を修正し、将来的に全発電を再生可能エネルギーで賄う方針は維持しつつも、段階的に廃止（**フェーズアウト**）する予定だった原子力発電と石炭火力発電を一時的に再稼働させます。しかし、頼みの綱の石炭も、気候変動による五〇〇年に一度と言われる干ばつでライン川の水位が低下して運搬に支障をきたし、原子力に依存するようになったドイツの指導力は急速に低下します。経営破綻を防ぐための電力会社の国有化など、頻繁で急激なエネルギー政策の変更は投資家からの訴訟の要因となるため、旧ソビエト諸国におけるエネルギー投資を保護する**エネルギー憲章条約**からも他のＥＵ加盟国とともに脱退します。

新型コロナウイルス感染症からの経済停滞から回復途上にあるなかで、エネルギー価格の高騰による産業の空洞化、経済不況、電力不足による停電など、企業や家庭に大きなダメージを与えるガス不足についてもドイツ政府は警告を発します。途上国への影響はさらに深刻で、気候変動による洪水被害を受けて経済危機に陥ったパキスタンはロシア産ガスを購入せざるをえず、公正なエネルギー移行への支援の重要性が改めて認識される状況となっています。一部の国は安価なロシア産エネルギーを輸入し、ヨーロッパなど第三国に売却しており、ロンダリングであるとの批判を受けます。

二〇一四年のクリミア併合に続き、ウクライナ侵攻後のロシアには更なる厳しい制裁が次々と課され、ブチャでの虐殺事件を受けてＥＵはロシアからの石炭・石油の輸入も停止します。しかし、ロシアもエネルギーを武器化しているなかで、**エネルギー制裁**だけでは戦争を止めたり、予防したりすることは困難であり、効果が出るのにも時間がかかります。

エネルギー制裁によりロシアのエネルギー輸出は減少しますが、エネルギー価格の高騰で逆に、エネルギーの売り上げは増加してしまいます。この棚ぼたの矛盾を何とかしようと、ロシア産原油に上限価格を設定し（**プライスキャップ**）、一定の価格以下で第三国に売られるロシア産原油の保険引き受けを禁止しますが、ロシアも対抗して長期契約で割安価格の石油取引をインドやインドネシアなどのアジア・アフリカ諸国に持ち掛けました。

気候変動とエネルギー安全保障の両立

ウクライナ戦争が終結しないなか、エネルギー産出国の多い中東でも**イスラエル・ガザ戦争**が起こりました。戦争により進行した経済のブロック化のなかで二〇五〇年に炭素中立を達成するため、各国はエネルギー安全保障、エネルギーに関する主権や独立性を強化しつつ、エネルギー供給と需要、**公正なエネルギー移行**のあり方を再検討する必要に迫られました。目標の達成時期を遅らせ、柔軟な経路をとりつつも、二〇五〇年炭素中立の最終目標を変えないためには、公正なエネルギー移行への支援がより重要となります。

エネルギーの九割以上を輸入に頼る日本はこれまでも、中東戦争によるオイルショックや湾岸戦争などの世界情勢に大きな影響を受けてきました。ＬＮＧの八・八％をロシアに依存していた日本の電力会社や商社は、サハリンや北極圏でロシアとエネルギー共同開発を進めてきましたが、国際社会がロシアへの制裁を進めるなか、プロジェクトをめぐる不確実性や風評被害などのレピュテーションリスク、資産価値の低下など多くの困難に直面しました。欧米に追随した日本をロシアは非友好国に指定するなど両国の関係も大きく変わり、長期契約によるロシアからの安価なエネルギー調達のかわりに、他国からのエネルギー調達を模索する必要が生まれました。

また、日本政府の**GX（グリーン・トランスフォーメーション）**実行会議は、福島第一原発事故以降の原子力政策を大きく転換し、安全対策を強化して原発を再稼働させ、原発の六〇年の稼働期限も延長します。気候変動とエネルギー安全保障を両立させるには、日本のエネルギー政策はどうあるべきでしょうか？

気候変動とエネルギー安全保障の両立を考える上で、ウクライナ戦争によるエネルギー価格の高騰の影響を最も受け、気候変動法政策の抜本的な修正を迫られたのがイギリスです。しかし、その原因は、それ以前のＥＵ離脱（ブレグジット）に遡ります。ここでは、世界で最も先進的であったイギリスの気候変動法政策がエネルギー問題に翻弄されてきた経緯を辿ってみたいと思います。

3　イギリスのＥＵ離脱と気候変動・エネルギー政策への影響

イギリスの先進的な気候変動法政策

イギリスのＥＵ離脱以前、ＥＵ加盟国の中でも最も野心的であったイギリスの気候変動法政策はＥＵの気候変動法政策を牽引し、ＥＵが条約の策定において国際社会をリードすることで、日本を含めた世界各国がその法律や政策をモデルとしていました。

二〇〇二年には世界やＥＵに先駆けてイギリス排出枠取引制度を導入しました。また、二〇〇八年気候変動法は、二〇五〇年までにCO_2を八〇％削減する長期大幅削減を法的に義務化し、炭素収支制度として**炭素予算**（カーボン・バジェット）を導入し、助言機関として強力な権限を持つ**気候変動委員会**を設置するなど、低炭素経済を構築する世界で初めての法律となりました。

イギリスのＥＵ離脱（ブレグジット）と気候変動法政策

ヨーロッパ大陸から離れた島国のイギリスは、ＥＵ（欧州連合）加盟後もたびたび、独自の方針を打ち出してきました。特に主権の制限や移民の受け入れに対して国民の不満や自国優先のナショナリズムが高まり、国民投票でＥＵ離脱を決断するに至ります。しかし、ＥＵ離脱後はそれまで円滑だったＥＵとの貿易にも様々な障壁が生じて、次第に世界の金融センターとしての地位と競争力を失います。新型コロナウイルス感染症の影響、インフレやエネルギー価格の高騰もあり、ＥＵ離脱は間違った判断だったのではないかとの世論も強くなっていきました。

イギリスの気候変動法政策そのものは、ＥＵ離脱の直接的な要因ではありません。このため、ＥＵからの離脱交渉、通商協定を含む将来協定の交渉では、ＥＵ単一市場から完全離脱するいわゆるハードブレグジット（強硬離脱）をいかに防ぎ、いかにソフトランディングさせるかにイギリスは腐心し、気候変動についてはは中心的な議題とはなっていませんでした。しかし、ＥＵ離脱により結果的に、イギリスの気候変動法政策は大きな影響を受けました。一体、どういうことでしょうか？

英ＥＵ貿易連携協定における気候変動の関連規定

イギリスのＥＵ離脱は、それまで統合を進めてきたＥＵにとっても大きな試練でした。離脱交渉で焦点となっていた市民権、清算金、アイルランドとの国境問題に目途がついたことで、ＥＵは長らく懸案となっていた**離脱協定**を締結し、新しいイギリスとの関係に関する**通商協定**も含めた**将来協定**の協議をようやく開始することができました。

ＥＵ離脱後に締結する必要があった**自由貿易協定（ＦＴＡ）**については、**英ＥＵ貿易連携協定**に合意がされましたが、やはり気候変動については中心的な議題とはなりませんでした。しかし、大幅な環境基準の乖離は円滑な貿易や投資の非関税障壁になりうるため、双方の公平な競争をどのように確保するかという点が最大の争点となりました。離脱後のイギリスはＥＵ加盟国ではなくなるため、ＥＵ規則・指令は適用されなくなりますが、共通の高い基準を維持し、気候変動など共通課題については協力を継続することとなりました。

気候変動の保護水準については、ＥＵの二〇三〇年四〇％削減目標とイギリスの二〇三〇年削減目標としましたが、英ＥＵ貿易連携協定発効後に、ＥＵは**グリーンディール**の一環として五五％削減、ＣＯＰ26（二〇二一年、グラスゴー）議長国のイギリスも二〇三五年七八％削減という、さらに引き上げた目標に合意しました。また、炭素に価格をつけるカーボンプライシングについては、離脱後のイギリスは**欧州排出枠取引制度（ＥＵＥＴＳ）**を抜けて国内で排出枠取引制度を導入するため、同じ削減レベルを維持して市場のリンク（接続）を検討することになりました。

新型コロナウイルス感染症とウクライナ戦争の影響

ＥＵ離脱後も気候変動対策の水準が後退しないよう万全の対策をとったかにみえましたが、ＥＵとの貿易は大きく落ち込み、新型コロナウイルス感染症の拡大でイギリス経済は大きな打撃を受けます。加えて、離脱によりＥＵとの安全保障やエネルギー協力が弱体化し、ウクライナ戦争の影響による世界で最も深刻なインフレとエネルギー価格の高騰で、イギリスの気候変動法政策は抜本的な修正を迫られます。

もともとロシア産エネルギーへの依存度がそれほど高くなかったイギリスは、アメリカとともに強硬姿勢で臨み、エネルギー制裁を強化します。しかし、イギリスはＥＵ離脱によりＥＵ加盟国ではなくなったことで、ＥＵとの安全保障やエネルギー協力も弱体化し、エネルギー価格の高騰による深刻なインフレで、世界で最も野心的だったイギリスの気候変動政策は後退します。

ボリス・ジョンソン首相の後を受けたリズ・トラス首相は、二〇五〇年炭素中立の目標を見直し、環境に負荷がかかる技術を用いた**シェールガス**の採掘や北海での石油・ガス開発、原子力の活用により、エネルギー輸入国から輸出国に転換しようとしました。しかし、税収不足の中での莫大な財政出動を行うインフレ対策に世界の金融市場から批判が集まり、就任からわずか一カ月で首相の座をスナク首相に受け渡します。エネルギー企業は停電のリスクを警告し、政府も凍死防止の訓練まで計画しましたが、幸いにも暖冬に助けられます。

パリ協定を受けてイギリスは、二〇二〇年にガソリン車、ディーゼル車の新車販売禁止を二〇四〇年から二〇三〇年に前倒ししていましたが、国民のインフレ負担への配慮から、政府の環境目標を二〇三五年まで遅らせる計画を発表し、二〇二四年の労働党への政権交代により当初の二〇三〇年に戻す方針が示されました。世界で最も野心的なイギリスの気候変動法政策にも、やはり経済との両立が求められ、政治に左右されるのが現実です。

このように、EU離脱、その後の新型コロナウイルス感染症とウクライナ戦争が、イギリスの気候変動法政策に大きな影響を与えたことが分かります。気候変動の他にも、EU離脱により輸入食品の通関手続きの手間やコストが増え、移民受け入れの厳格化で農場の労働力確保が難しくなったことに加え、インフレによる食料価格の高騰により、食品ロス削減の有効な対策として注目されていたイギリスのフードバンクに低所得層だけでなく中間層も殺到するなど、暮らしにも大きな影響を与えました。

4　暮らしの中の気候変動対策

家庭からのCO_2排出と省エネ・再生可能エネルギー

ウクライナ戦争による天然ガス価格の高騰は、エネルギー不足や電気代高騰の形で、私たちの家庭に大きな影響を与えました。気候変動については「地球規模で考え、地域（足もと）で行動する」（Think Globally, Act Locally）ことが大切です。特に、近年では地球規模の視野で考え、地域で行動するグローカル企業やグローカル人材の育成が求められており、その足もとにあるのが家庭です。

しかし企業のように規制することが難しい家庭部門からのCO_2排出は、これまで増加を続けてきました。一方で、工場や家庭での節電や省エネにより、二〇二二年には前年比二・五％の減少で日本の排出量が算定をはじめた一九九〇年以降、過去最少となるなど、明るい兆しも見えてきています。

家庭部門からのCO_2排出を「見える化」する取り組みとして、**環境家計簿**があります。電気代、ガス代、水道代を入力するだけで、CO_2排出量を自動換算してくれます。また、平均世帯に比べてどれくらい排出が多いかも数値で知ることができるため、その原因を家族で考えるツールとなります。例えば、使っていない電気をこまめに消すようにすれば、電気代の節約と省エネにつながります。また、太陽光パネルを設置して再生可能エネルギーによる自家発電ができれば、災害時の備えにもなります。

あるいは、「食べ物の量×運ばれてきた距離」で表される**フードマイレージ**を計算することで、食べ物が皆さんの口に入るまでにどれだけのCO_2を排出したかが分かります。フードマイレージを下げるためには、外国からの食料輸入より**地産地消**が有効です。

こうした家庭でのCO_2削減に大きな役割を果たすのが、子どもたちの学校での環境教育です。国際的レベルでは、学校における持続可能な開発のための教育（**ESD**）に関する教育が推進されています。気候変動に配慮したエコライフとはどのようなものでしょうか。これからもっと家庭や地域で考えていく必要があります。

ESDユネスコ世界会議（名古屋）

5　まとめ

第3章では、各国が気候変動政策とエネルギー安全保障の両立を考える上で、新型コロナウイルス感染症、ウクライナ戦争などの激変する国際情勢に大きく左右される経緯を見てきました。特に、イギリスでは、これ以前のEU離脱も含めて、世界で最も野心的な気候変動法政策がエネルギー問題の観点から大きな修正を迫られました。

気候変動とエネルギーについては、コインの裏表の関係にあり、国際協調が重要な役割を果たす気候変動分野に比べて、エネルギー分野においては強力な国家の主権が尊重され、それゆえに気候変動対策にブレーキをかける可能性の高い分野でもあります。エネルギー安全保障などの国家の利益が全面に押し出されるため、エネルギー地政学に典型的に見られるように、政治学や国際関係論が法学よりも大きな役割を果たします。

第4章　気候変動と生物多様性・自然環境との関係

1　気候変動による生物多様性への影響

生物多様性条約とCOP10（名古屋）

同じ一九九二年に採択された気候変動枠組条約と**生物多様性条約**は、双子の条約として策定されましたが、条約間のシナジーの重要性が一般論として指摘されることはあっても、基本的には別の条約として扱われてきました。

国際自然保護連合（IUCN）二〇一〇年版**レッドリスト**は、世界の動植物五万五九二六種の内、約三分の一の一万八三五一種が絶滅の危機にあるとして、生物多様性の危機を指摘していました。二〇一〇年に名古屋で開催された生物多様性条約第一〇回締約国会議（COP10）では、二〇一一－二〇二〇年の愛知目標を採択して、保護地域を陸域一七%、海域一〇%に拡大するなど一五の個別目標に合意し、**遺伝資源へのアクセスと利益配分（ABS）**に関する**名古屋議定書**が採択されました。

愛知目標の目標一〇は「サンゴ礁など気候変動や海洋酸性化に影響を受ける脆弱な生態系への悪影響

生物多様性条約 COP10
（名古屋）

生物多様性交流フェア

を最小化する」とあり、目標一五は「劣化した生態系の少なくとも一五％以上の回復を通じ、気候変動の緩和と適応に貢献する」とあるように、ＣＯＰ10では気候変動と生物多様性の相互の関係が意識されるようになります。その他、気候変動対策として有用ですが、生物多様性にもたらす負の影響が懸念される**バイオ燃料**に関する決定も採択されました。

ＣＯＰ10の会場の外でも生物多様性フェアが開催され、多くの企業や団体が展示を行うなど、日本でも温暖化に比べて認知度や取り組みが遅れていた生物多様性が注目されるきっかけになりました。

SATOYAMAイニシアティブ

ホスト国として日本がＣＯＰ10で発表した**SATOYAMAイニシアティブ**は、映画『となりのトトロ』で描かれたような、自然と人間が共生する日本独特の生態系保全の取り組みです。『もののけ姫』でも屋久杉などが森林伐採されたあと、里山が再生するシーンが描かれています。また、大妻女子大学の多摩キャンパスのある多摩ニュータウンは昔、丘陵地帯の里山だったところをベッドタウンとして造成されました。映画『平成狸合戦ぽんぽこ』では里山を失ったタヌキが人間社会にとけこめ

あいち海上の森

里山のユーモラスな看板

ない悲哀がユーモラスに描かれています。

　里山の例として、愛知万博の会場候補地となったあいち海上の森が挙げられます。海上の森で生態系ピラミッドの頂点に立つオオタカの巣が見つかったことで反対運動が起き、会場を愛知青少年公園に変更しました。愛知青少年公園では、二〇〇五年に愛・地球博が開催され、万博の理念「自然の叡智」を継承したジブリパークも二〇二二年にオープンしています。

昆明・モントリオール生物多様性枠組（ＣＯＰ15）

　ＣＯＰ10後に、気候変動枠組条約をモデルに生物多様性版のＩＰＣＣとして設立された**生物多様性及び生態系サービスに関する政府間科学－政策プラットフォーム（ＩＰＢＥＳ）**は、約一〇〇万種の動植物が絶滅危機にあると二〇一九年に指摘しました。また、Ｇ７でもメッス生物多様性憲章やＧ７二〇三〇年自然協約が採択されるなど、生物多様性の危機に対する機運が国際的にも高まります。

　こうしたなか、「生態文明――地球上のすべての生命のために共通の未来をつくる」をテーマに、新型コロナウイルス感染症による延期を経てＣＯＰ15が開催されました。第一部（二〇二一年）では**昆明宣言**を採択し、少なくとも二〇三〇年までに生物多様性の損失を逆転、回復する必要があり、そのためには生態系保全と回復の強化だけでなく、温室効果ガスの排出削減が必要であるとしました。また、第二部（二〇二二年）では、ポスト二〇二〇生物多様性枠組として、**昆明・モントリオール生物多様性枠組**を採択し、二〇三〇年までに各国が陸域・海域の三〇%を保護区とする数値目標（30by30）も定められました。

日本でも、昆明・モントリオール生物多様性枠組の採択を受け、生物多様性国家戦略二〇二三－二〇三〇が二〇二三年に閣議決定されました。また、30by30目標の達成に向けた日本の30by30ロードマップでは、特に保護地域以外で民間等の取り組みによる**生物多様性保全に資する地域（OECM）**が政策の中核となり、社寺林、企業有林、企業緑地、里地里山などがその対象として含まれます。ナショナルトラスト、ビオトープなどは、環境省が認定する**自然共生サイト**の対象となる可能性もあります。OECMは自然共生サイトの認定区域の一部であり、保護地域との重複は除外された上で国際的に認定されます。

自然に根差した解決策

気候変動は、種の絶滅のみならず生物の生息域の移動や消滅をもたらし、生物多様性の損失や生態系サービスの低下につながります。一方で、陸域では湿地や泥炭地がCO_2を貯蔵し、海域では海草など藻場の保全が**ブルーカーボン**としてCO_2を吸収する役割を果たすなど、生物多様性や生態系の保全は気候変動対策にもつながります。

こうした気候変動と生物多様性の相互の関係が注目されるなか、自然の回復や修復、人間や生態系への恩恵を重視し、先住民族の伝統的な知恵を取り込んだ環境保護を求める考え方として、**自然に根差した解決策**（Nature-based Solutions: NbS）が気候変動枠組条約と生物多様性条約の双方の条約において注目されています。

しかし、気候変動対策と生物多様性の保全は複雑な関係にあります。例えば、気候変動対策としてのアサイーの単一栽培が生物多様性を損ねることが報告されています。スムージー、ジュースにも用いられるアサイーはスーパーフードとして人気で、もとはアマゾンの先住民族の食用でしたが、伝統的農業に従事する農家に経済的恩恵をもたらし、熱帯雨林を破壊しない緑の開発として奨励され、アグロフォレストリーでは**炭素クレジット**活用による資金調達も行われました。しかし、過度な単一栽培により、他の植物種が喪失し、ハチなど受粉を媒介する昆虫が減少してアサイーも減少してしまいました。

2　気候変動と激甚化する森林火災

気候変動と森林火災

森林火災は自然発火によっても起こることはありますが、気候変動により空気が乾燥すると、森林火災が激甚化して制御できなくなり、人々が避難を強いられたり、家を失ったりする災害となります。加えて、近年では気候変動対策の一環で、電気自動車（ＥＶ）や太陽光パネルを生産する原料となる鉱物資源の開発を優先し、森林伐採を進めるブラジルなど政府の政策が原因で、森林の機能や豊かな生物多様性が失われつつある地域もあります。

温室効果ガスの**吸収源**として重要な役割を果たす森林は、生物多様性の保全にも重要な役割を果たしており、森林がその機能を失うと気候変動がさらに加速し、生態系にも大きな影響を与えます。

森林減少・劣化からの排出削減（ＲＥＤＤ）

気候変動枠組条約では、「地球の肺」と言われるアマゾンの熱帯雨林などの森林が吸収源として重要な役割を果たしています。貧困などを背景とした違法伐採も含め、森林が伐採されることでそれまで木に蓄えられていたCO_2が再び大気中に放出され、気候変動につながることを防ぐ、**森林減少・劣化からの排出削減（ＲＥＤＤ）**は世界の温室効果ガス排出量の二割を占めるものの、京都議定書では対象外となっていました。このため、パリ協定ではＲＥＤＤに森林保全、持続可能な森林経営や森林炭素蓄積の増加も含めたＲＥＤＤ＋（ＲＥＤＤプラス）についても定められました。気候変動枠組条約ＣＯＰ26（二〇二一年）でも、二〇三〇年までに森林減少を食い止めるとした森林・土地利用に関するグラスゴー・リーダーズ宣言が出されています。

アマゾンで開催予定のＣＯＰ30（二〇二五年）では、気候変動と森林破壊が議論される予定です。気候変動によりアマゾン川流域では人因起源の干ばつ発生の可能性が三〇倍に増加し、水ストレスに晒されたアマゾンの熱帯雨林は二〇五〇年にも後戻りできない転換点（**ティッピングポイント**）を迎えて気候変動対策の能力に壊滅的影響を与えることが懸念されています。

木材取引におけるデューデリジェンス

気候変動枠組条約以外にも、森林を保全する条約として、**国際熱帯木材協定**が二〇一一年に発効していますが、締約国が少ないために十分な取り組みとはなっていません。日本では、**違法伐採**対策の一環で、**クリーンウッド法**（合法伐採木材等の流通及び利用の促進に関する法律）二〇二三年改正により、合法性確認（**デューデリジェンス due diligence**）が義務化されました。

コラム　植林ボランティア

二〇一一年は「**国際森林年**」であり、また「国連生物多様性の一〇年」の最初の年にあたることから、生物多様性条約事務局の呼びかけに応じ、世界各地で植林が行われました。日本でも環境省が中心となり、「グリーンウェーブ（緑の波）二〇一一」という取り組みが行われ、湘南国際村で行われた植林ボランティアに筆者もゼミ学生とともに参加しました。

東南アジアはじめ世界中で四〇〇〇万本以上の植樹指導をされ、ブループラネット賞、紫綬褒章を受賞された故宮脇昭先生（横浜国立大学名誉教授、（財）地球環境戦略研究機関・国際生態学センター長（当時））のご指導のもと、地域の方と交流しながら植樹を行いました。

当時のゼミ生が大学ホームページで活動報告をしてくれました。

before

after

植樹前後の変化

「今回の植樹では、もともとこの土地に自然に植生する七種類の樹種（タブ、シイ、シラカシ、ウラジロガシ、アカガシ、アラカシ、オオシマザクラ）からなる、約六〇〇〇本の苗木を小さな子どもから年配の方まで計六五〇名の参加者の方と一緒に植樹しました。根の入ったカップより一・五倍掘って空気が入るように浮かせ、根元の部分は固めないようにご指導いただきました。均等に一直線ではなく同じ樹種が隣同士にならないように、一㎡あたり二－三本の高い密度でばらばらに、ジグザグになるように植え、強風、豪雨による土壌の流出、地表の乾燥を防ぐための藁を引き、縄でとめました。藁に触れたのは初めての経験でした。植生生態学、植物社会学に基づく「宮脇方式」と呼ばれるこの植栽手法は海外でも高い評価を受けており、安定した強い森を短時間で再生し、維持管理のコストや手間を最小限に抑えることができるそうです。自分たちの背丈ほどに大きくなるにはこれから何年もかかると思いますが、将来の防災や温暖化防止に役立ってほしいと思いました。」

日本の各地に残る「鎮守の森」を構成するようなその土地の複数の種類の木を混ぜるという宮脇方式については、宮脇昭（一九九七年）『緑環境と植生学』の中で詳しく紹介されています。

植林によるCO_2吸収量の計算

植樹の後、後に気候変動に関する政府間パネル（ＩＰＣＣ）でインベントリタスクフォースの共同議長を務められた筆者のシンクタンク勤務時代の先輩のご指導のもと、国際的に用いられている二〇〇六年ＩＰＣＣガイドラインに基づき、植林によるCO_2吸収分（ゼミ一四人分）を計算したところ、今後一五年で約二二トン（CO_2換算）の吸収分となりました。一人の人間が一年間におよそ一〇トンのCO_2を排出すると言われていますので、一人の人間が二年間に排出するCO_2に相当することが分かりました。このようにCO_2を「**見える化**」することは気候変動への対策を行う上で効果的です。最後に、本植林活動について英語でゼミを行い、生物多様性条約事務局（モントリオール）に英語で報告を行いました。

植林ボランティア

その後も、ゼミでは東京湾のごみと建設残土で造られた埋立地を巨大な森にする海の森プロジェクトなど、植林ボランティアに定期的に参加しています。東日本大震災で津波による被害を受けた宮城県岩沼市では、人々の思い入れのある**震災がれき**の土台の上に植樹を行い、津波からいのちを守るための「森の防潮堤」づくりが行われています。

3　海の気候変動と生物多様性

海水温の上昇と海の生態系への影響

海は陸よりも多くのCO_2を吸収してくれています。人間が排出する年七・二Gt（ギガトン）のCO_2のうち、自然の吸収量はその半分弱の三・一Gtですが、そのうち陸が〇・九Gt、海が二・二Gtを吸収するという割合です。しかし、気候変動の影響で、この広大な海も自然の吸収量を超えて排出される大量のCO_2を吸収しきれなくなっています。

気候変動は、南米熱帯太平洋の東で数年おきに海水温が高くなり、西で低くなる**エルニーニョ現象**によっても加速されます。日本ではエルニーニョ現象で冷夏や暖冬になりやすく、反対に、ラニーニャ現象で日本近海の海水温が高く、猛暑や厳冬になりやすくなります。

日本近海でも海水温がゲリラ豪雨などの災害リスクの高まる二八℃超の異常な高温になると、サンゴ、海草などの海の生態系に大きな影響を与え、東京湾の海底にもサンゴが見られるようになりました。スーパーや食卓に並ぶ魚の種類も、イワシ→ブリ→マグロ→カツオと大きく変化してきました。北海道では函館名産スルメイカの漁獲量が温暖化で激減し、かわりに大量に捕れるようになった小さなブリには高値がつかないため、イカ加工会社は新商品のブリの燻製を開発します。

同じような海の異変は、異常な海洋熱波が起こった北大西洋のタイセイヨウニシンの減少にも見られます。海の深いところでは**海洋大循環**が起こって、世界中に熱や栄養を運ぶベルトコンベアの働きをしています。メキシコ湾からの暖かい水が冷たい北極海に運ばれて、北大西洋のグリーンランド沖でぐっと沈み込み、反転してそのまま冷たい南極沖に運ばれます。このように地球の気候変動に重要な影響を与える大西洋の海洋大循環が停滞し、早ければ二〇二五年にも止まってしまうのではとの研究結果が世界的に影響力のある科学雑誌『ネイチャー』に掲載され、西ヨーロッパでの厳冬や西アフリカの干ばつやモンスーンへの影響が懸念されました。映画『デイ・アフター・トゥモロー』で描かれたのは、地球温暖化で北大西洋の海洋大循環が止まって、寒冷化した世界です。

国連海洋法条約と気候変動に関する国際海洋法裁判所の勧告的意見

海の環境、生物多様性を守る条約の一つに**国連海洋法条約（ＵＮＣＬＯＳ）**があります。海洋環境を保護し、保全する一般的義務を定め、海洋環境の汚染を防止、軽減、規制する措置をとると規定されています。しかし、一九八二年の条約策定時には気候変動の問題は想定されず、CO_2が国連海洋法条約で定める汚染物質に該当するかは不明なままでした（木村、二〇二四年ｆ）。

このため、海洋温暖化、海面上昇、海洋酸性化など気候変動による有害な結果に関する海洋環境の汚染を防止、軽減、規制する国の義務はどのようなものかと、二〇二二年に気候変動と国際法に関する小島嶼国委員会が**国際海洋法裁判所（ＩＴＬＯＳ）**に勧告的意見を要請しました。

二〇二四年のＩＴＬＯＳ勧告的意見は、「国連海洋法条約（ＵＮＣＬＯＳ）締約国は、同一九四条に基づき、人為的な温室効果ガスから海洋環境の汚染を防止、軽減、規制する全ての必要な措置をとり、また、その政策を調和させる努力をする義務がある」としました。重要な判断となりますので、これを原文で読んでみましょう。

States Parties to the Convention have specific obligations under article 194 of UNCLOS to take all necessary measures to prevent, reduce, and control marine pollution from anthropogenic GHG emissions and to endeavor to harmonize their policies in this connection.

人為的な温室効果ガスを海洋汚染と同じように「汚染」と位置づけた点がポイントです。また、ＩＴＬＯＳは同じく同一九四条に基づき、国家に**デューデリジェンス（due diligence）**の厳しい基準を課しているとしました。国連海洋法条約一九四条も見ておきましょう。

第一九四条（海洋環境の汚染を防止し、軽減し及び規制するための措置）

１　いずれの国も、あらゆる発生源からの海洋環境の汚染を防止し、軽減し及び規制するため、利用することができる実行可能な最善の手段を用い、かつ、自国の能力に応じ、単独で又は適当なときは共同して、この条約に適合するすべての必要な措置をとるものとし、また、この点に関して政策を調和させるよう努力する。……

この他、海の酸性化、海面上昇、沿岸浸食、異常気象に苦しむ島嶼諸国バヌアツのイニシアチブに基づき、現世代、将来世代のための気候変動に関する国家の義務とその帰結について、国連総会決議に基づき国連総会が**国際司法裁判所（ＩＣＪ）**に勧告的意見を二〇二三年に要請しています。また、**米州人権裁判所（ＩＡＣＨＲ）**にも、温暖化で先住民族が伝統的な生活様式を維持できなくなり、人権を侵害されているという通報がなされており、関連する三つの訴えにつき、国際的な裁判所がどのような判断を示すかが注目されます。

国家管轄権外区域の海洋生物多様性（ＢＢＮＪ）

世界の海の面積の三分の二を占める**公海**には、ほとんど環境保護区が設定されておらず、気候変動による酸性化、海洋生物の危機が課題となっています。海洋生物の約一〇％がＩＵＣＮレッドリストの対象として絶滅の危機に瀕しており、ダボス会議（世界経済フォーラム）でも海洋に迫る危機として、生息地の破壊、地球温暖化、海洋酸性化が指摘されています。しかし、海の生物多様性については、生物多様性条約や名古屋議定書では公海は適用範囲外とされているため、公海における海の生物多様性が抜け穴になっていました。

このため、国連海洋法条約の下で**国家管轄権外区域の海洋生物多様性（ＢＢＮＪ）**の保全と持続可能な利用に関する新協定を策定し、政府間交渉を開始するとの国連総会決議が二〇一五年になされました。その後、条約交渉の前段階となる政府間会合が開催され、①区域型管理ツール（海洋保護区を含む）、②環境影響評価、③海洋遺伝資源（利益配分の問題も含む）、④能力構築・海洋技術移転の四つの論点を中心に、どのような条約が必要か議論されてきました。とはいえ、ＢＢＮＪ新協定は基本的に公海の生物多様性を守るための条約ですので、気候変動についてはほとんど言及がなく、関連する条約で対策を行うことが必要となります。

船舶からの排出対策

船舶が排出する温室効果ガスは、海洋酸性化の原因となります。特に、国際船舶については世界一律のCO_2排出規制（燃費規制）が適しているため、一定規模以上の船舶には省エネ運航計画を策定し、新たに建造される場合は、一トンの貨物を一マイル輸送する際のCO_2排出量の基準値を満たし、船舶の燃費を「**見える化**」することで削減努力を促し、燃費を国際海事機関（ＩＭＯ）に報告する義務が課されています。今後は、陸、海を一体的に捉えた対策が重要となります。

4　世界自然遺産とエコツーリズム

エコツーリズム

陸や海の生物多様性の保護に向けた取り組みの一つに**エコツーリズム**があります。エコツーリズム推進会議はエコツーリズムを「自然環境や歴史文化を対象とし、それらを体験し学ぶとともに、対象となる地域の自然環境や歴史文化の保全に責任を持つ観光のあり方」と定義しています。

エコツーリズムは、もともと途上国で観光客を対象とした森林ツアーなどを提供しながら、森林伐採から自然を保護し、あわせて地域住民の経済的な自立や地域経済の振興、産業の転換を促す仕組みとして始まりました。その後、先進国でも持続的な観光振興が目指されるようになり、日本のエコツーリズム推進法も、自然環境の保全、観光振興、地域振興、環境教育の場としての活用などをその目的としています。

オーストラリアには、エコツーリズムが初めて行われたフレーザー島など多くの**世界自然遺産**があります。グレート・バリア・リーフは、多くのダイバーが訪れる世界最大のサンゴ礁であり、ジュゴン、ザトウクジラ、ウミガメなど多様な海洋生物が生息していますが、気候変動の影響でサンゴ礁が白化し、貴重な観光資源が失われつつあります。また、気候変動の影響で森林火災も深刻な状況で、ブルー・マウンテンズでは燃えやすいユーカリや、ユーカリを餌とするコアラに大きな被害が出ています。このように気候変動は生物多様性や世界自然遺産の存続に大きな影響を与えています。

コロナ禍後のオーバーツーリズム問題

新型コロナウイルス感染症の拡大は、大勢の団体客によるこれまでのマス・ツーリズムではない、持続可能な観光のあり方を考える契機になりました。ビジット・ジャパン・キャンペーンや観光立国の推進で訪日外国人観光客（**インバウンド**）の増加を推進していたなか、街からは観光客が消え、Ｇｏ Ｔｏトラベルが始まります。今後の観光産業の課題として、日本人観光客や近場の**マイクロツーリズム**を重視したものになるのだろうか？　環境省が進める国立公園で仕事（ワーク）とバケーションを両立させる**ワーケーション**はどの程度、浸透するのだろうか？　当時は、このようなことが考えられていました。しかし、現実には、コロナ禍後の円安の影響もあり、京都などで**オーバーツーリズム**が大きな課題となっています。オーバーツーリズムとは観光資源のオーバーユースにより、混雑、騒音、地価高騰、地域資源の破壊などの観光公害が起こることをいいます。

コロナ禍後に、サステナブルな観光・責任ある旅行が中東で始まり、バルセロナ、アムステルダムではクルーズ船の寄港が禁止されました。モンサンミッシェルでは観光客が制限され、ヴェネチアやマルセイユでは入場料の徴収が始まりました。旅行者の満足度を高めつつ、地域が観光による恩恵を実感するにはどうしたらよいのでしょうか？

富士山で考える世界遺産とエコツーリズム

世界遺産には、**自然遺産**と**文化遺産**がありますが、富士山はどちらでしょうか？　正解は、文化遺産です。富士山は当初、自然遺産としての登録を目指しましたが、ごみの不法投棄に対する廃棄物対策が不十分であったことから、自然遺産としては認められず、再度、挑戦して文化遺産として条件つき登録に至りました。

登録の条件として、噴火等が発生した際の危険対策の明確化が挙げられました。江戸時代の南海トラフ巨大地震の四九日後に発生し、江戸の町にも大量の火山灰が降り積もった最後の大噴火から三〇〇年以上も鳴りをひそめる活火山として富士山ハザードマップも改訂されました。登山道の受け入れ能力に基づく来訪者戦略の策定も求められましたが、特にコロナ禍後はご来光目的の弾丸ツアーで軽装の観光客が高山病で救助されたり、すれ違えないほどの登山客や落石で危険な状態となりました。

世界遺産登録時の指摘もあり、富士山の環境対策についてはごみの不法投棄以外にも、環境保全型トイレの活用、環境収容力に応じた踏み荒らし防止のための入山（登山者）制限、一〇〇〇円の入山料の徴収、マイカー規制などが検討されてきました。特に、**入山料**については一〇〇〇円が任意で徴収され、保全協力金として、希少種の保護やトイレの整備に活用されてきました。これを強制徴収とする提案もありましたが、富士山の管理をめぐる山梨県と静岡県の複雑な関係も明らかになり、最終的には山梨県側ルートに限定して、入山料一〇〇〇円と混雑対策（受益者負担）としての通行料二〇〇〇円の計三〇〇〇円の徴収が義務化され、一日四千人の入山制限と時間制限がかけられることになりました。富士山の環境を守る費用として三〇〇〇円は高いでしょうか、安いでしょうか？　人数制限、環境負荷、人工的景観の多さという、登録時からの課題を克服できなければ、文化遺産登録が抹消される可能性さえあるという点は、どの程度、認識されているでしょうか？

5　気候変動による人獣共通感染症の増加——新型コロナウイルス感染症に学ぶ

新型コロナウイルス感染症（COVID-19）の影響

二〇二〇年、世界に突如として襲いかかった新型コロナウイルス感染症は、私たちの**ライフスタイル**（生活様式）を一変させました。オンライン授業、在宅勤務、通販、自転車通勤がにわかにニューノーマルとなり、環境省は仕事と休暇を組み合わせる国立公園での**ワーケーション**を推進しました。ヨーロッパでは、ヴェネチアでも水質がみるみる綺麗になり、ロックダウン（都市封鎖）による大気汚染の改善、人間・生産活動の停滞による温室効果ガス排出の減少など、環境へのプラスの影響もみられました。反対に、食品のテイクアウト用の使い捨てプラスチックやマスクの廃棄物が増加するなど、環境へのマイナスの影響もみられました。自粛などの皆さんの行動変容は、環境問題にどのような影響を与えたでしょうか？

新型コロナウイルス感染症は人々の生活だけでなく、世界秩序にも大きな影響を与えました。自国第一主義のGゼロ時代の中で、途上国では格差が更に拡大し、アメリカでも人種差別（Black Lives Matter）の問題がクローズアップされました。気候変動などグローバルな取り組みについては衰退もみられました。

感染症と人類の闘い

一四世紀のヨーロッパで人口の三分の一が犠牲になった**ペスト**（黒死病）が流行する様子については、カミュの小説『ペスト』に描かれています。モンゴル帝国がユーラシア大陸を支配し、シルクロードによる遠方との交易でヒトの往来が活発化し、温暖化により食料生産が増加します。一方で、人口増加による密集や、都市の悪質な衛生環境は、病原菌やウイルスが急速に拡大する温床になります。

ペストの原因は、中国・雲南省に侵攻したモンゴル軍が持ち込んだ、ペスト菌に感染したクマネズミやノミによるものとされます。ペストはあっという間に欧州全土に広がり、大学が閉鎖される中でニュートンは万有引力の法則を発見します。細菌が原因と知らずとも隔離検疫は行っていたようです。一九世紀末に北里柴三郎、パスツール研究所がペスト菌を発見します。ペストによる社会の混乱は、キリスト教の権威失墜、農耕人口の減少、中世社会の崩壊につながり、宗教改革、ルネサンス、大航海時代へとつながります。

実は、歴史をさかのぼると戦争による戦死者より、感染症による病死者の方が断然、多いことが分かります。戦時だけをみても、ナポレオン軍は発疹チフスに苦しみ、クリミア戦争では**コレラ**や**天然痘**がナイチンゲールの看病する兵士の命を奪います。多くの兵士が**スペイン風邪**に罹患したことも一因となって、第一次世界大戦は終結し、第二次世界大戦でも**マラリア**や**発疹チフス**が猛威をふるいます。ウクライナ戦争では前線の兵士が塹壕のネズミに悩まされています。

多くの死者を出したスペイン風邪の後も、アジア風邪、香港風邪、エイズ（後天性免疫不全症候群）、

SARS（重症急性呼吸器症候群）、MERS（中東呼吸器症候群）、新型インフルエンザ、エボラ出血熱、ジカ熱、そして新型コロナウイルス感染症などの**パンデミック**（感染症の世界的大流行）が起こります。

例えば、エボラ出血熱では、コンゴ民主共和国の国立公園内ゴリラ保護区でゴリラの生息数が低下し、ギニアで動物を介した感染爆発が起こります。新型コロナウイルス感染症でも司令塔の役割を果たした米国疾病予防管理センター（CDC）の専門家による調査が行われ、**世界保健機関（WHO）**が非常事態宣言を出し、国連安全保障理事会も「国際平和と安全の脅威」と決議しますが、欧米に感染が伝播し、治療薬の一つとしてアビガンが使われました。

アフリカでは、マンガン、ウラン、金などの鉱物資源開発により森林伐採が進められており、映画『アウトブレイク』では呪術師が「本来人が近づくべきでない場所で人が木々を切り倒し、目を覚ました神々が怒って罰として病気を与えた」とつぶやきます。感染症をテーマにした映画には他にも『感染列島』、『インフェルノ』などがあります。

新興感染症と動物由来感染症（人獣共通感染症）

人類が定住し、農業や牧畜により家畜と接近すると、天然痘、結核、牛海綿状脳症（BSE）、インフルエンザなどの感染症が起こりやすくなります。対抗策としてこれまでも免疫を獲得するためのワクチン・抗生物質の開発が行われてきました。

特に、近年の**新興感染症**増加の背景には、ペットブーム、食肉の大量生産、森林伐採、人の大量・高速移動があります。多くは**動物由来感染症**で、人と動物に共通して感染するため、**人獣共通感染症**とも言われます。狂犬病、猫ひっかき病などは身近なペットから感染します。消費者にはありがたい安価な鶏肉ですが、**ファクトリーファーミング**（工場式畜産）により過密な状態で育てられると、渡り鳥などからの感染リスクが高くなります。有機（オーガニック）畜産の方が鶏にとってもストレスの少ない環境となりますが、値段が高くなるため市場での販売は限定されます。ペストが伝播した時代の主な移動手段は馬か船でした。現在では航空機によりウイルスも高速で移動してしまっています。

野生動物の取引

ＷＨＯは、二〇二〇年に「国際的に懸念される公衆衛生上の緊急事態」を宣言し、新型コロナウイルス感染症を動物起源と断定します。コウモリを宿主とするウイルスが**センザンコウ**（のちにタヌキが原因と推定）など別の動物を媒介して人に感染したと推定されたため、中国では食用野生動物市場を閉鎖し、野生生物の違法取引を全面禁止し、絶滅の危機にあるセンザンコウを伝統薬のリストから除外して、ジャイアントパンダと同じ国家一級保護野生動物に指定して保護の対象としました。新型コロナウイルスの起源については、その後、米中間での政治問題に発展しました。

絶滅が危惧される野生動物の取引に関する条約として、**ワシントン条約**がありますが、感染症を媒介する動物は条約の対象外で、保護の責任は締約国にあります。モルモットやオカメインコなど珍しいエキゾチックペットが多く取引される日本にも、動物愛護管理法や種の保存法がありますが、個体の入手の合法性に関する情報やトレーサビリティの開示を求めていないため、密猟された個体の流入が原因で起こる感染症も懸念されています。

ラムサール条約でも、**鳥インフルエンザ**と疾病に関する決議を採択しています。ラムサール条約の正式名称は「特に水鳥の生息地として国際的に重要な湿地に関する条約」ですが、環境破壊で生息地を失い、過密状態に置かれた水鳥はストレスを感じやすく、渡り鳥を介した感染症にかかりやすくなります。生息地や水鳥の保護は、人間の健康にもつながるため、ＷＨＯが提唱する人と動物と生態系の健康を一体的に考える**ワンヘルス**の考え方の重要性については、生物多様性条約ＣＯＰ15で採択された昆明宣言でも言及されました。

感染症と環境破壊

自然と動物を軽視した環境破壊により、森林伐採など自然破壊で生息地を失ってストレスを受けた野生動物が感染しやすい状態で他の動物と接触し、餌を求めて人里におりていったり、食料・漢方などになる希少種として利用されたりすることで人に接触し、人獣共通感染症が起こりやすくなります。

しかし、野生動物の食肉（ブッシュミート）が生活の糧となっているアフリカなど途上国での対策には限界もあります。私たち人間は自然とどのように共生し、何を食べていくべきかという問題をつきつけられています。国連環境計画（ＵＮＥＰ）によれば、鳥から豚に感染するインフルエンザは、野生動物が減少する原因となります。アフリカ豚熱の影響を受けたイタリア産の生ハムは二〇二三年に入荷できなくなりました。

生物多様性版のＩＰＣＣとして設立された生物多様性及び生態系サービスに関する政府間科学－政策プラットフォーム（ＩＰＢＥＳ）は、自然界には人に感染する可能性を持つ最大約八二・七万種の未知のウイルスが存在し、特に野生動物の取引、農地拡大などの自然破壊により、大きな経済損失をもたらした新型コロナウイルス感染症以上に、人類生存の脅威となるパンデミックが頻発する恐れがあると指摘します。

なかでも懸念されているのが、新型コロナウイルス感染症よりはるかに死亡率の高い高病原性鳥インフルエンザ（Ｈ５Ｎ１）で、二〇二四年にはアメリカで乳牛からヒトへの感染が報告され、パンデミックは時間の問題だと警告もあり、ワクチンの製造も開始されました。

気候変動による感染症

ＷＨＯによって二〇二〇年に出された新型コロナウイルス感染症に対する緊急事態宣言については、三年後に終了宣言が出されました。ＷＨＯでは各国の対応の教訓を踏まえ、**国際保健規則（ＩＨＲ）**の改正と**パンデミック条約**の作成を検討することになりましたが、二〇二四年ＷＨＯ年次総会では国際保健規則の改正については全会一致で合意したものの、ワクチンの公平な分配をめぐる方策などで先進国と途上国の溝が埋まらず、パンデミック条約作成の合意には至りませんでした。

新型コロナウイルス感染症の教訓を、今後増加が懸念される気候変動による感染症に生かすことが大切です。気候変動の影響で、動物の生息域や、蚊などを媒介とした**デング熱**、**ジカ熱**などの熱帯性感染症が北上し、**マラリア**による死者も増加しています。

日本でも二〇一四年に、東京の代々木公園でヤブ蚊（ヒトスジシマカ、ネッタイシマカ）を原因とするデング熱への感染が発生し、日本全国だけでなく、中古輸入タイヤに溜まった水が原因でアメリカにも拡大しました。アメリカでは、生物多様性条約に基づくカルタヘナ議定書が禁止する遺伝子改変生物の蚊を野外に放出して対策を行っています。

ＩＰＣＣも指摘するように、気候変動は熱中症や感染症などの健康問題に直結します。ロンドン、ニューヨークで暮らす人の肺を調べると、ＰＭ二・五などの大気汚染に晒された肺は新型コロナウイルス感染症に脆弱で、重症化リスクが高くなる傾向があることが明らかになりました。

新型コロナウイルス感染症が収束して日常が戻った中で、ある日、突然やってくるであろう気候変動による感染症拡大に、私たちは備えられているでしょうか？

6　気候変動の北極・南極への影響

北極で顕著な気候変動の影響

地球儀を思い浮かべてみてください。温室効果ガスの特徴として、その増加の影響は地球の高緯度で大きくなります。北極では気候変動の影響による生物多様性の損失が深刻な課題で、ＩＰＣＣは温暖化によって北極の氷が融解し、ホッキョクグマの生息域や生態系に影響をもたらすことを二〇〇七年に指摘していました。こうしたホッキョクグマの窮状を救おうと、日本ではシロクマを原告に加え、CO_2の排出が公害であるとして、火力発電を行う電力会社を相手にしたシロクマ公害調停と裁判（**シロクマ訴訟**）が起こされました。

氷に覆われた南極大陸と違い、北極点の周辺には広大な海域が広がっています。北極では冬には海氷が大きくなり、夏の九月に小さくなりますが、ＮＡＳＡの衛星データなどに基づいて北極の氷が過去最少になったと報道されています。ＩＰＣＣは二〇五〇年までに一度北極海の氷がなくなると指摘しており、北極域では農業生産の増加を除き、既存の産業のすべての分野でマイナスの影響を受けるとしています。

一方で、北極の氷が解けると、これまで永久凍土の下に眠っていた石油、ガス、稀少な鉱物資源の開発で莫大な収入を得られるほか、今までアクセスできなかった漁業資源も手に入れることができるようになります。もっとも漁業資源については、中央北極海の公海での漁獲を規制する**中央北極海無規制公海漁業防止協定**が発効したため、無制限にアクセスできるわけではありません。

また、世界地図を思い出していただくと分かるように、船で物資を運ぶ際に、例えば日本から今までのように南にぐるっと、南シナ海－アラビア海－紅海－スエズ運河（エジプト）－地中海を通ってヨーロッパに運ぶより、北に砕氷船で氷を砕きながらもロシア沿岸を通って北欧に出たほうが、航路が短くてすむというメリットがあります。

実際、紅海ではソマリアの海賊やイエメンのフーシ派の攻撃によって、中東からの石油の運搬において安全面の課題がありましたし、イスラエル・ガザ戦争でスエズ運河を通っていた船が、昔のように南アフリカの喜望峰を回らなければならなくなりました。北極海を通航できるようになれば、これらの問題が解消されるのです。

このように北極での顕著な気候変動にはプラスとマイナスの側面があるので、利害関係も複雑です。

さて、話を北極における環境対策に戻します。南極には南極条約がありますが、北極には法的拘束力のある条約がありません。そのため、北極域の環境保護では**北極評議会**が重要な役割を果たしていて、北極を取り囲む八カ国（カナダ、アメリカ、デンマーク、ノルウェー、ロシア、スウェーデン、フィンランド、アイスランド）とオブザーバーとして北極圏の外にある一三カ国（日本、中国など）が、北極の持続可能な開発、環境保護などについて協議し、協力を推進しています。

ロシアのウクライナ侵攻により、北極評議会の運営が難しい状況になっていますが、北極圏の八カ国はすべてパリ協定に合意していますので、これらの国がそれぞれ高いCO_2削減目標を掲げて取り組むことが一層重要になっていると言えます。

実際に、既に早いスピードで温暖化が進み、イヌイットなどの先住民族が暮らしているアラスカでは氷が解けたことによる洪水の被害で村全体での移住を迫られている地域もあり、急速に進む気候変動にいかに**適応**していくかが急務の課題です。イヌイットは**気候変動訴訟**のパイオニアでもあり、気候変動により人権が侵害されているとして、京都議定書を離脱したアメリカを二〇〇五年に米州人権裁判所に訴えました。近年、注目される**気候変動に対する人権アプローチ**の先駆けと言えます。

長年、狩猟、採集、漁業などで生計を立て、雪や氷とともに暮らし、祈り、お祭りをして暮らしてきた人々にとって、気候変動は文化やアイデンティの喪失ももたらします。一方で、これまでも厳しい気候変化を生き延びてきた先住民族に語り継がれる伝統的な知恵は、私たちが気候変動と対峙する上でも有益な羅針盤となるはずです。気候変動の影響でサケが捕れなくなったアラスカの先住民族は、栄養価が高くCO_2排出の少ない昆布の養殖を始めています。

北極の気候変動と感染症

近年では、北極の温暖化が世界平均の三〜四倍のスピードで進んでいることが明らかになってきています。シベリアでは森林火災が多発し、二〇二三年には過去最高の三九・六℃を記録したほか、デンマーク自治領のグリーンランドでは二〇二一年に氷床の一番高い地点で初めて降雨を観測しています。気候変動は、ウイルスの宿主となる動物やウイルスを媒介する媒介生物（ベクター）となる蚊などの生息域に影響を与えてウイルスを拡散します。特に、急激な温暖化が進む北極では、永久凍土の融解により未知のウイルスが発生する危険性も高まります。

遠隔地で病院へのアクセスが限られ、外からのウイルスの流入が大きな脅威となる先住民族のコミュニティでは、生業とするトナカイやアザラシなどの動物だけでなく、生活に密着するこうした動物を介して人間に感染する**人獣共通感染症**が気候変動により拡大することが懸念されています。このため、Ｗ

HOが近年提案している人と動物と生態系の健康を一体的に考える**ワンヘルス・アプローチ**が、どのように北極域で実際に運用されるかが重要となります。本研究に関する筆者の論文も含めた特集号は、ハーバード大学ケネディスクールのベルファー科学国際問題センター主催のセミナーで発表されました(Kimura, 2023b)。

南極大陸の気候変動

北極とは異なり、南極大陸は各国から南極観測隊として一時的に滞在している科学者、最近では南極クルーズで訪れる観光客がいるほかは、基本的には先住民族も含めて永住者のいない厳しい気候環境にあります。

グリーンランドなど北極域では、温暖化による氷床の後退や、人々の暮らしへの影響が目に見える形で表れています。これに対し、南極大陸は広大でまだ観測できていないエリアも多く、大規模な氷床やこれを支えている棚氷の融解、棚氷の下で暖かくなった海水に接して起こる棚氷の底面融解など、気候変動の影響は長い間、確認されてこなかったため、一般の人々に十分に認識されているとは言えません。

かくいう私が南極大陸についてはじめて知ったのも、映画『南極物語』がきっかけです。南極の昭和基地にやむをえず置き去りにされた犬のタロとジロが生きのびていたという感動的な実話に基づく映画です。コメディドラマ『南極料理人』では、日本の南極ドームふじ基地での南極地域観測隊の暮らしが描かれています。ちなみに、二〇二四年度に派遣される日本の南極地域観測隊の隊長は初めての女性で、本書で紹介している南極（科研・挑戦的研究、三菱財団人文科学・大型連携研究助成）や北極（北極域研究加速プロジェクト（ＡｒＣＳＩＩ））の研究でご一緒させていただいた方です。

二〇二一年にＩＰＣＣは南極で失われる氷により二一世紀末までに海面が約二ｍ上昇する可能性も否定できないと指摘していました。そして、二〇二二年に事態は一変し、南極大陸でも異常な気温上昇が記録され、南極氷床が突如として過去最少を記録したのです。そして、二〇二四年には東側で異常な熱波を観測し、通常は零下五〇－六〇℃の冬の平均気温が、零下二五－三〇℃近くになりました。こうした南極大陸の異変に気づいた世界中の科学者は、いったん解け始めると後戻りができない重大な転換点（**ティッピングポイント**）として、世界の気候変動に重大な影響を与えるこうした事象を、固唾をのんで見守っています。

南極大陸の生態系・ペンギンへの影響

人がほとんどいない南極大陸において重要となるのは、気候変動の影響から稀少で固有の生態系や生物多様性を保全することであり、北極のホッキョクグマに対し、南極大陸ではペンギンが南極大陸の生態系のバロメーターになっています。

大ヒットしたドキュメンタリー映画『皇帝ペンギン』では、メスは産卵後に餌をとりに海に向かい、その間オスは飲まず食わずで卵を温めるという過酷な子育てが描かれています。このコウテイペンギンの集団繁殖地（コロニー）が南極海氷の減少の影響で消滅し、気候変動による絶滅の危機に瀕しているというニュースが二〇二三年に飛び込んできます。こうした事態も受け、コウテイペンギンをレッドリストにおける危急種に格上げして、生息地への研究者・観光客の立ち入りも規制すべきとの声も上がってきています。

これまで、寒さによってウイルスが存在しない南極では、人間が菌を持ち込まない限り、風邪をひかないと言われ、南極の生態系に壊滅的な影響を与えるウイルスの流入は厳しく規制されてきました。しかし、二〇二四年には南極大陸でも初めて海鳥の死骸から渡り鳥を介したと考えられる**高病原性鳥インフルエンザ（H５N１）**ウイルスが確認され、免疫がなく集団で生息するペンギンへの感染が懸念されていたところ、原因は不明ですが、アルゼンチンから最も近い島でも五〇〇以上のアデリーペンギンの死骸が集団で見つかり、将来的な絶滅の可能性を指摘する科学者もいます。

人新世の痕跡が著しい南極

ところで、オゾン層破壊を警告したノーベル化学賞受賞者のパウル・クルッツェン博士は、既に終わった完新世にかわって、人間が地球の地質や生態系に大きな影響を与えた**人新生**という時代区分を提案しました。人新生の時代には、地球温暖化、生物多様性の喪失など、南極大陸を除く全ての大陸に広がった人間活動が原因とされる多くの変化が起こっています。しかし、このような地球最後の秘境である南極にさえ、人新生の痕跡が見られるようになってきていることが分かります。私たちは遠い南極で起こっている大変動を前に、地球の声に耳を傾ける時かもしれません。

7　まとめ

第４章で見てきた生物多様性や自然環境については、その役割や恩恵が認識されず、気候変動に比べて取り組みが遅れた面がありましたが、近年では人間社会や企業活動に不可欠な自然資本として急速に注目が集まりつつあり、人間社会や企業の活動を規定する社会科学により一層の役割が期待されています。

第5章　気候変動と企業との関係

1　SDGs・ESGをめぐる気候変動情報の開示

SDGsと気候変動

気候変動と企業の関係について考える前に、まずは二〇一五年に採択された**持続可能な開発目標（SDGs）**と気候変動との関係について整理しておきたいと思います。SDGsの源流にある概念は**持続可能な開発**であり、将来の世代が自らのニーズを充足する能力を損なうことなく、現在の世代のニーズを満たすような開発と定義されます。

SDGsの前身となった**ミレニアム開発目標（MDGs）**は、二〇〇〇年の国連ミレニアム・サミットで二一世紀の国際社会の目標として採択した、ミレニアム開発宣言に基づく二〇一五年までの国際社会の目標で、八つの目標と二一のターゲットから構成されます。目標七に「環境の持続可能性の確保」が入っていますが、気候変動はあくまで環境問題の一つです。目標一には「極度の貧困と飢餓の撲滅」も掲げられますが、気候変動と貧困など各目標の相互の関係については十分に意識されていませんでした。

そこで、ＳＤＧｓはＭＤＧｓの後継となる持続可能な開発のための二〇三〇アジェンダとも連携しつつ、「誰一人取り残さない」をテーマに、一七のゴールと一六九のターゲットを掲げて、環境、経済、社会の統合を目指します。気候変動については、ゴール一三で「気候変動に具体的な対策を――気候変動とその影響に立ち向かうため、緊急対策を実施する」と独立して記載しました。新型コロナウイルス感染症の影響で気候変動だけでなく、ＳＤＧｓの目標達成が大幅に遅れることが懸念されます。

SDGs（国際連合広報センター）

ＳＤＧｓとＥＳＧ

ＳＤＧｓについては国だけでなく、京都市など自治体も地球温暖化対策や廃棄物対策について積極的に情報開示を行っています。ＳＤＧｓ債（神戸市）、**グリーンボンド**（環境債）（東京都）、サステナビリティーボンド（北九州市）などの地方債を発行して財源を調達する自治体もあります。企業や投資家がＳＤＧｓを達成する手段の一つが、環境（Environment）、社会（Social）、ガバナンス（Governance）の頭文字をとった**ＥＳＧ**（環境・社会・ガバナンス）であり、**企業の社会的責任（ＣＳＲ）**としてＳＤＧｓに取り組む企業を金融機関が投資・金融で支援する**ＥＳＧ投資**などの非財務情報を、従来の財務情報に加えて開示する企業も増加しています（木村、二〇二二年d）。

ＥＳＧ投資の源流は、環境・経済・社会の三つの側面（トリプルボトムライン）に配慮した企業に投資する**社会的責任投資（ＳＲＩ）**に遡り、米キリスト教会が倫理上、武器、ギャンブル、タバコ、アルコールなどに関わる企業を投資対象から除外したことに始まります。日本でも昔から、「売り手良し、買い手良し、世間良し」という近江商人の三方良しの思想や渋沢栄一が『論語と算盤』で唱えた、現代のＳＤＧｓ経営、持続可能性（サステナビリティ）、ＥＳＧに近い考え方があり、一九九九年には初めてのＳＲＩとして日興**エコファンド**が発売されました。その後、コフィ・アナン国連事務総長（当時）が機関投資家の意思決定にＥＳＧ課題を組み込むよう提案したことでＥＳＧ投資が世界的に拡大します。

ＥＳＧ投資には様々なタイプがありますが、欧米では化石燃料からの**ダイベストメント**（投資撤退）が主流なのに対し、日本では株主の立場から気候変動をめぐる情報開示を要求したり、株主総会で企業の意思決定に対して議決権を行使したりするなど、企業との**エンゲージメント**（対話）を通じた脱炭素への**トランジション**（移行）支援を重視する傾向にあります。

気候変動情報の開示

日本では規制に比べて企業の自主的取り組みが果たす役割が大きいため、環境報告書、地球温暖化対策推進法の算定・報告・公表システムに基づく気候変動情報の開示が重要となります。ＥＳＧもはじめはこうした情報開示の一つでしたが、企業の不祥事や人権問題が社会問題となるなかで、気候変動などの環境への取り組みが企業の競争力に直結するようになります。しかし、様々な団体が策定するＥＳＧ情報の開示の基準や内容が統一されないため、企業や投資家などから共通の基準を求める声が強まります。

二〇一五年に設立された**気候関連財務情報開示タスクフォース（ＴＣＦＤ）**が開示を推奨する情報の内容には、気候変動に対応する取締役会の体制、気温上昇や規制強化が財務に与える影響、海面上昇による工場への被害などのシナリオに応じた分析のほか、ＧＨＧ排出削減など気候関連の目標設定、脱炭素に向けた技術開発、排出量が多い事業からの撤退・縮小などの行動計画などが含まれます。

アメリカのアップル社は世界で初めて、工場での燃料燃焼など温室効果ガスの直接排出量（スコープ１）、電気の使用に伴う間接排出量（スコープ２）だけでなく、スコープ１と２以外の原材料や部品の調達、原材料や製品の輸送、従業員の通勤、顧客製品の使用、製品の廃棄など**サプライチェーン**（取引網）全体に関わるその他排出量（スコープ３）まで含めた、二〇三〇年までのカーボンニュートラル達成目標を世界で初めて公表しました。また、三菱ＵＦＪ銀行などの金融機関も投融資によるスコープ３の排出量を把握するため、取引先の中小企業の温室効果ガスの排出量測定などに関する情報開示の支援を開始しています。

近年、企業の気候変動対応を促進する一つの手段として、ＴＣＦＤに基づく気候変動関連の株主提案が注目されています。日本の環境ＮＧＯである気候ネットワークは、パリ協定及びＴＣＦＤに賛同する銀行の株主総会で、パリ協定の目標に沿った投資を行う経営戦略の開示を会社の定款で義務化するよう提案しました。

金融庁と東京証券取引所は**コーポレートガバナンス・コード**を改訂し、日本でも東京証券取引所の市場再編で実質最上位となるプライム市場の上場企業に対して、株主総会後に提出するコーポレート・ガバナンス報告書でＴＣＦＤに基づく情報開示が求められることになりました。

また、ＴＣＦＤをモデルにした**自然関連財務情報開示タスクフォース（ＴＮＦＤ）**が民間主導で発足し、二〇二二年に昆明・モントリオール生物多様性枠組が採択されたことで、生物多様性に関する企業情報の開示も進むことも期待されます。

このように、気候変動に関する近年の情報開示が義務化されたことで、企業はＥＳＧ投資による恩恵を得るためにもより積極的な気候変動対策を迫られるようになっています。

ここからは、気候変動情報の開示に関するＥＵの先進的取り組みをいくつかご紹介します。ＥＵに進出する多くの日本企業の中には既に厳しい規制の対象になっている企業もありますが、将来的に日本でも同様の規制が導入される可能性があるためです。

企業のサステナビリティ報告指令

これまでＥＵで企業の**サステナビリティ（持続可能性）**に関する報告の中心を担ってきたのはＥＵ非財務情報開示指令（ＮＦＲＤ）というＥＵの法律で、電力会社など公益性の高い大企業に非財務報告が義務づけられ、サプライチェーンにおける強制労働や児童労働についても開示項目とされていました。

これを強化する形で二〇二三年に施行された**企業のサステナビリティ報告指令（CSRD）**では、従業員二五〇名、売上高四千万ユーロ、総資産二千万ユーロのうち二つ以上の基準値を超える大規模企業に情報開示の対象が拡大されました。

日本の二〇二一年改訂コーポレートガバナンス・コードが投資家向けの財務情報（シングル・マテリアリティ）の提供を重視するのに対し、EUでは投資家以外のステークホルダー向け情報提供として、企業が環境・社会に与える影響（**ダブル・マテリアリティ**）についても報告が要求されています。

サステナブルファイナンス開示規則

SDGsとパリ協定の採択を受け、ESGの観点から資産を運用するファンドマネジャーに金融商品の評価・開示を義務づける**サステナブルファイナンス開示規則（SFDR）**が策定され、EU以外の国にも影響を与えています。

日本では金融庁がESG投資信託の情報開示の拡充を求め、経済産業省・金融庁・環境庁がクライメート・トランジション・ファイナンスに関する基本指針を発表しました。

アメリカではこれまでも政権交代のたびにESGへのスタンスが右に左に、大きく揺れてきました。気候変動対策に積極的なバイデン政権は、ESGを考慮した年金基金の運用ができるよう、経済優先のトランプ政権下では難しかったエリサ法を改正しました。米国証券取引委員会もEUに倣って気候変動と持続可能性、ESGに関する情報開示を二〇二四年に義務づけており、TCFDの影響を部分的に受けています。

ＥＳＧに関する方針は州によっても異なります。共和党を支持基盤とするフロリダ州では反ＥＳＧの動きや、ＥＳＧに積極的な金融機関を政府の入札から締め出すなどの圧力もみられ、トランプ大統領の再選も見据えるなかで、シティグループや三井住友銀行などの銀行が、ＥＳＧ投資の基礎となっていた金融業界の自主的ガイドラインから脱退しました。トランプ大統領再選により、アメリカにおけるＥＳＧへの取り組みが大きく後退することが予想されます。

グリーンウォッシュ規制

ＥＵは二〇二〇年に世界の投資マネーの四割にまで急成長したＥＳＧ投資について、名ばかりで中身を伴わない見せかけの環境配慮（**グリーンウォッシュ**）への規制を強めています。グリーンウォッシュが問題になった事件として、後でご紹介するフォルクスワーゲンの排ガス不正が挙げられます。

規制強化のきっかけは、ドイツ銀行系のドイチェ・アセット・マネジメントの持続可能性の情報開示の内容が、顧客を誤解させるミスリーディングな表現でサステナブル投資の資産規模を誇張し、ＥＳＧ投資のポートフォリオに不正会計スキャンダルで経営破綻した企業も含まれていると、同社の担当者が『ウォール・ストリート・ジャーナル』で内部告発したことにあります。

ＥＵでは、既にグリーンウォッシュを用いたマーケティングを禁止する指令の改正が行われ、裁判所も誇大広告の排除に乗り出しています。本来、積極的なＥＳＧ投資とその情報開示は企業にとって効果的な広報戦略となるはずですが、グリーンウォッシュや開示情報の内容次第では、逆に企業のレピュテーションリスクにつながり、市場を歪めてグリーン・トランジションが妨げられる可能性があり、誤った情報から消費者を保護する必要性も生まれます。

人権デューデリジェンス（DD）

アメリカのスポーツメーカー、ナイキの児童労働、強制労働、長時間労働、低賃金労働の発覚による大規模不買運動をきっかけに、企業は**サプライチェーン**（供給・調達網）において人権問題に取り組み、環境保護や安全衛生の確保において、**企業の社会的責任（CSR）**を果たすべきとの声が高まり、国連で**ビジネスと人権に関する指導原則**が承認されました。その後も、新疆ウイグル自治区やミャンマーなどの人権問題が注目されるなか、人権リスクへの対応を求めるイギリス現代奴隷法などの法制化の動きも拡大し、二〇二一年先進国首脳会議（G7）では企業がサプライチェーン上の強制労働などの人権侵害リスクを把握し予防する**人権デューデリジェンス（人権DD）**などの仕組みづくりで合意しました。

二〇二四年に採択された**企業デューデリジェンスと企業の説明責任に関するEU指令（CSDDD）**は、強制労働や環境汚染など、サプライチェーンにおいて人権や環境に悪影響をもたらす企業活動の特定、防止、緩和、説明責任を果たす企業のデューデリジェンスを義務化するもので、違反企業には罰金が課され、公的調達から三年間排除されます。EU域内の企業だけでなくサプライチェーンに組み込まれる日本などEU域外の企業も人権DDへの対応が求められます。

しかし、日本の「ビジネスと人権」に関する行動計画は法的拘束力がなく、人権に特化した輸出入管理の法令や規制もなく、人権DDも制度化されていません。日本企業も対応が遅れれば今後、世界的なサプライチェーンから外されるリスクが高まります。

コラム　環境コンサルティングの仕事

筆者は大学院の修士課程の時に政府でCOP6関連のインターンに従事し、卒業後は環境の仕事がしたいと、(株)三和総合研究所に内定を頂きました。銀行合併の流れで、社名が入社時に(株)UFJ総合研究所、退社後に三菱UFJリサーチ&コンサルティング(株)と変わりました。当時はまだSDGsという言葉もなく、景気が悪いなか、経済に優先して環境問題に取り組む企業はそれほど多くありませんでしたが、東京経営戦略本部に配属されて企業向けのISO14001コンサルティングを行うことになりました。ISO14001とは企業などが環境管理をする上で用いる国際規格で、認証取得できれば、国内だけでなく海外でも顧客開拓につながるため、ニーズが生じはじめていた頃でした。

一週間の資格取得合宿から帰ると、OJT（on the job training）が始まります。新入社員を現場で鍛えていくという育成方法です。外資系企業も少なかった当時としてはまだ珍しかった、プロジェクトベースに基づく年俸制を採用していました。配属初日に先輩から、オフィスの賃料を払うために、○○円稼がなければならないと言われて少々固まりましたが、環境コンサルティングはボランティアではないのでコスト感覚も重要だと学び、経営書や経済の本も読むようになりました。

数回上司に同行後、一人で顧客先に行くことになりましたが、ほどなくして、環境の知識よりも重要なことがあると気づきます。企業のマネジメント層と一緒になって新しい制度やシステムを導入する際には、社内で様々な混乱や抵抗が生じます。社員間で問題が生じたから来てくださいと言われ、一緒に悩んで、最後に社員旅行に呼んでいただいた時は、仲間に入れていただけたようで嬉しく感じました。こうした企業でのサラリーマン経験は、研究職となって企業関連のEU指令を読む際にも、実はとても助けになっています。

二年目に国際本部に移動し、国際環境協力の調査など国際案件に従事しました。英語は好きな方で、修士論文も英語で書いたはずですが、会議で「ミニッツを作っておいて」と言われ、後で自分で調べて議事録作成のことかと理解する状況でしたので、国際会議や海外調査などの実務で使える英語の勉強をするようになりました。

その後、転職した地球環境戦略研究機関で国際機関や政府に対する地球環境の調査研究や政策立案に従事するなかで、国際環境法の専門家としてやっていきたいと、二つ目の修士号と博士号を社会人としてフルタイム勤務をしながら二足の草鞋で取得しました。両立と時間管理には苦慮しましたが、実務と学術研究を行き来する中で得る視点もありました。

2　フォルクスワーゲンの排ガス不正とエコカー戦略

CO_2削減のためのエコカー戦略

ガソリン自動車から排出されるCO_2などの温室効果ガスや、硫黄酸化物や窒素酸化物（SOx・NOx）、より肺の奥に入り込む**粒子状物質（PM）**などの大気汚染物質の削減を目指すエコカー戦略は、企業の国際競争をもたらしました。ガソリンと電気を併用するトヨタのプリウスに代表される**ハイブリッド自動車**、CO_2は排出しないが排ガスを出す**クリーンディーゼル車**、日産のリーフなど排ガスを出さないが原料となる**レアメタル**（稀少金属）採掘の過程でCO_2を排出する**電気自動車（EV）**。皆さんならどのエコカーを選ぶでしょうか?

フォルクスワーゲンの排ガス不正

二〇一五年、アメリカ環境保護局の指摘で、ドイツ企業フォルクスワーゲンのクリーンディーゼル車に排ガス規制逃れが発覚し、ドイツに激震が走ります。路上で基準値の一〇－四〇倍の窒素酸化物（NOx）が排出されているにもかかわらず、室内検査の時だけ作動してカリフォルニア州の厳しい環境基準（**マスキー法**）をクリアしているかのように見せかける（**グリーンウォッシュ**）違法なソフトウェアの搭載が発覚したのです。

一九七〇年代に課された排ガス規制であるマスキー法については、ホンダが技術開発で厳しい基準を乗り越え、日本の自動車メーカーがアメリカ市場を席巻する契機になりました。ハーバード大学のマイケル・ポーター教授は自動車メーカーの事例には言及していませんが、日本やドイツの化学業界の生産性の向上を根拠に、「適切に設計された環境規制は、費用低減・品質向上につながる技術革新を刺激し、その結果、国内企業は国際市場において競争上の優位を獲得し、産業の生産性も向上する可能性がある」という**ポーター仮説**を唱えました。

発覚後、フォルクスワーゲンの業績は急激に悪化します。莫大な罰金に加え、ブランドイメージの悪化、販売台数の減少で、売り上げや株価は急落し、企業価値が減少します。不正ソフト搭載車の回収・無償修理（リコール）が必要となり、環境基準の達成に必要なコストがふくれ上がります。

また、これはミス（過失）ではなく顧客を欺いて汚染物質をまき散らした詐欺であるとして民事制裁金が課され、車の所有者による損害賠償訴訟、株価の急落で損失を受けた投資家による集団訴訟（クラスアクション）など、世界中で訴訟が頻発しました。クリーンディーゼルと偽って虚偽広告を出し、減税措置を受けていたとして調査も開始されます。室内検査にかわり、路上検査が重視されるなど、世界的に排ガス規制も強化されます。フォルクスワーゲンは、それまでのクリーンディーゼル中心だったエコカー戦略の転換を迫られ、電気自動車（ＥＶ）に大きく舵を切ります。

それにしてもなぜ、企業の存続そのものを危うくするような不正が起こったのでしょうか？　エコカーのグローバル開発競争が激化するなか、ヨーロッパではＥＳＧの観点からも高く評価され、エコカーの主流だったクリーンディーゼル車を推進するフォルクスワーゲンは、世界ナンバーワンを目指して事業の拡大を急いでいました。しかし、ハイブリッド車が主流のアメリカ市場では苦戦を強いられ、ヨーロッパよりはるかに厳しい排ガス規制を前に、環境対策とコスト削減の両立に苦慮します。一般的にエコカー戦略では、排ガス、燃費、価格（コスト）、走行性能の両立が問われます。

ナチス政権下で国民車を製造する国策企業として始まり、一般株主以外にも創業家のピエヒ家とポルシェ家、ドイツ州政府が株を持ち、社長が監査役を兼任するフォルクスワーゲンの特殊な**ガバナンス**（企業統治）も、社内で事前に不正を防止できなかった原因の一つと考えられます。企業の社会的責任（ＣＳＲ）やＥＳＧに対する認識も脆弱で、様々なステークホルダー（主体）との環境問題に関するコミュニケーションも不足していたと考えられます。

これからのエコカー戦略

近年では、ハイブリッド自動車がさらに進化したトヨタのミライなど、自宅で充電できる**プラグインハイブリッド車**も開発されています。水素と酸素を用いるため水しか排出せず究極のエコカーと言われる**燃料電池車**や**水素自動車**については、水素の供給インフラが課題となっていましたが、徐々に整備されつつあります。

パリ協定の採択を受け、ガソリン車の販売を禁止する国も増え、期限としてイギリスは二〇三〇年、アメリカのカリフォルニア州とカナダのケベック州は二〇三五年、フランスは二〇四〇年を設定しました。各国が今後、どのようなエコカー戦略をとっていくのかが注目されます。近年では気候変動対策として各国が推進する電気自動車の原料として不可欠なレアメタルを特定の国に依存せず、**経済安全保障**の観点からも輸入先が分散すると同時に資源調達先の囲い込みが進むなかで、鉱山開発による環境汚染や人権侵害に対する批判も高まってきています。アメリカやＥＵが中国製ＥＶに対する追加関税率の引き上げを発表し、反発した中国はＷＴＯに提訴する権利があるとし、ＥＵ産豚肉、ブランデーへの反ダンピング調査を開始して制裁関税を示唆しました。

3　食品ロスと気候変動

イギリスでは、ＥＵ離脱、その後の新型コロナウイルス感染症とウクライナ戦争を受けた、インフレによる食料価格の高騰により、国民の七人に一人が飢えに直面したと言われます。**食品ロス**削減の有効な対策として注目されていた**フードバンク**への寄付が減少して品薄になり、一方でそこに中間層の人まで殺到して、本来の貧困層への食料支援が成り立たなくなった現象は世界中で見られました。日本でも物価高騰により子ども食堂の運営が厳しい状態に追い込まれました。

食品ロスについては、地球全体で食料の約三分の一（ＦＡＯ）、一七％（ＵＮＥＰ）が廃棄物となり、大きな経済損失となっています。特に、サハラ以南アフリカ、南・東南アジアの一人あたり廃棄量が年間六－一一kgであるのに対し、北米・欧州では九五－一一五kgと南北問題も顕著になっていることから、ＳＤＧｓでも二〇三〇年までに一人あたり食品廃棄物を半減する目標が掲げられ、世界経済フォーラム（ダボス）でも企業の取り組みが議論されました。

世界のGHGの約八％が食品廃棄物から発生していることからも、食品ロス対策は重要な気候変動対策の一つとして位置づけられています。COP28（二〇二三年、ドバイ）では一三〇カ国以上が自国の気候アクションプランに食料供給・農業を組み込むことに初めて合意しました。カカオを生産する西アフリカの異常気象やベトナムなど東南アジアの猛暑で、二〇二四年にはチョコレートやコーヒー豆の価格が高騰するなど、気候変動は農業生産の低下や飢餓をもたらすにもかかわらず、適応戦略が圧倒的に不足しています。EUでも「**ファーム・トゥ・フォーク**（農場から食卓まで）」が気候変動対策による経済成長策としてグリーンディールの中に位置づけられています。

また企業による食品ロス対策として、フードバンク事業への参加もあります。アメリカで一九六七年に、廃棄される食品をスーパーマーケットから引き取ってホームレスの炊き出しに届け、残りを教会の倉庫に保管する取り組みがはじまったことに端を発し、貧困者救済としてのフードバンク事業が世界中で行われるようになりました。今日でもセカンドハーベストをはじめとする団体へ、企業から食品の寄付が行われています。EUによる二〇二五年までに食品ロスを三〇％削減する方針のもと、フランスでは大型スーパーによる売れ残り食料の廃棄を禁止し、慈善団体への寄付を義務づける罰金つき法律が二〇一六年に成立しています。イタリアでも、食料品店や飲食店が賞味期限切れで不要になった食料の寄付手続きを簡素化し、生活困窮者への貧困対策として食料配給を行っています。こうした欧米の取り組みの背景にはキリスト教的思想もありますが、近年では、中国でも飲食店に大量に食べ残した客からごみ処理費用を徴収し、大食いの動画・番組制作・公開・放送に最大一六〇万円の罰金を課す反食品浪費法案が成立しています。

日本でも、福岡県では飲食店を「食べもの余らせん隊」に登録し、顧客の希望に応じて料理の提供量を調整し、食べきりを行ったグループに次回の割引券を付与したり、小売店では、ばら売り、量り売り、少量パックによる販売や閉店間際の割引販売を行う取り組みがされてきました。長野県では、乾杯から三〇分、閉会前の一〇分で宴会食べ残しを半減しようという三〇・一〇運動が行われてきました。京都府では、エコ修学旅行支援として、歯ブラシを持参して宿泊施設の使い捨てのものを使わず、エコバッグを携帯してレジ袋や紙袋をもらわず、できるだけ簡易包装商品を購入し、出された食事をできるだけ食べきり、食べ残しを出さないという取り組みも行われてきました。

これ以前にも、製造段階で出される動植物性残渣、流通段階で出される売れ残りの食品、消費段階で出される食べ残しをあわせても約九％と低い食品リサイクル率を改善するために、二〇〇〇年には**食品リサイクル法**（食品循環資源の再生利用等の促進に関する法律）が策定され、食品の製造、流通、販売、外食産業などの食品関連事業者が、生ごみなどの食品廃棄物を飼料や肥料に再資源化することになり、食品関連事業者による定期的な報告が義務化されました。

コンビニエンスストアでも食品リサイクル推進のため、廃棄したほうが利益が大きかったためにできなかった、販売期限が切れる直前の商品の値下げ（見切り販売）をしたり、クリスマスケーキ、恵方巻などの季節性商品を予約制にしたり、また、食品の日付表示を簡略化して賞味期限の表示を年月に変更し、傷みやすい食品は消費期限、長期保存できる食品は賞味期限と表示を選択することで、大幅な廃棄削減が可能となりました。セブン－イレブンでは、おにぎりの消費期限を従来の約一八時間の二倍にし、「エコだ値シール」をつけて見切り販売をしています。業界の商習慣であった販売期限をなくし、店頭に商品が並ぶ納品期限から賞味期限までの期間を長くすることで、食品ロスが大幅に削減されるのです。

食品ロス削減推進法（食品ロスの削減の推進に関する法律）が二〇一九年に策定され、コロナ禍の外食抑制で二〇二〇年には一人あたり食品廃棄が四一kgと過去最低になったこともあり、一定の成果をあげています。子ども食堂以外にも、東京都千代田区の聖イグナチオ教会が大人食堂を運営したり、岡山市ではAmazonの機能を使って、コミュニティフリッジ（公共の冷蔵庫）が設置されたり、仙台をはじめ各地で賞味期限が一カ月以上の常温保存できる家庭・企業の食品を生活困窮者のフードバンク団体へ寄付するフードドライブが実施されています。

4　国際プラスチック条約は気候変動に貢献するか？

海洋プラスチックとマイクロプラスチック

プラスチックは石油からの生産過程で大量の温室効果ガスを発生させます。海に流れ出た海洋プラスチックは太陽光に曝されて温室効果ガスを放出するという報告もあります。

「太平洋ごみベルト」として国際的に問題になったプラスチックごみについては、その後、廃棄物対策の不十分な途上国を中心に急増し、二〇五〇年にはごみの重量が魚の重量を上回ると予想されています。誤飲したペットボトルでお腹がいっぱいになって打ち上げられた鯨や、鼻にストローが突き刺さったカメの写真がＳＮＳで世界中に拡散し、注目を浴びるようになります。

さらに、海の生態系に脅威となる微小な五㎜以下の**マイクロプラスチック**（マイクロビーズ）は、歯磨き粉、洗顔料、化粧品など幅広い用途で用いられていますが、回収は困難です。食物連鎖による生物濃縮を通じた、人体・健康への悪影響も明らかになり、国際的な対策が求められるようになります。

二〇一八年Ｇ７で採択された**海洋プラスチック憲章**では、二〇三〇年までにすべてのプラスチック製品の再利用・リサイクル、代替策のない場合には回収を目指し、リサイクルされた製品の割合を五〇％以上にするとの数値目標が盛り込まれ、可能な限りマイクロプラスチックの使用を削減するために産業界と協力することになりました。

各国の対策

ＥＵでは海洋プラスチックごみのうち、使い捨てプラスチックごみが五〇％、漁網が二七％を占めていました。二〇一五年には軽量レジ袋削減のためのＥＵ指令が採択されました。また、各国に対策が求められた海洋プラスチック憲章の採択を受け、**サーキュラーエコノミー**の構築を目指すＥＵプラスチック戦略に基づき、**ワンウェイ**（使い捨て）プラスチック製品の使用を禁止する指令を採択します。この指令により、海洋プラスチックごみ全体の七二％を占めるプラスチック製のストロー、トレイ、食器、マドラー、綿棒など一〇品目で大幅削減を行い、二〇三〇年までにプラスチックごみを五五％削減し、リサイクル率を六五％に高める目標を掲げます。

オーストラリアでは、小売店での使い捨てレジ袋が禁止され、違反した場合は小売店に罰金が科されることになりました。筆者はシドニー出張の際にこれを知らずに、買った牛乳をそのまま手で持って帰りましたが、現地ではレジ袋導入に反対する市民のデモがあったと聞きました。

アメリカでは、複数の州でマイクロビーズを含む化粧品などパーソナルケア製品の製造や販売が禁止されています。メイク落としに入っているつぶつぶはマイクロビーズです。

日本では大阪G20サミット二〇一九に向けて、プラスチック資源循環戦略が策定されました。まず初めに、スターバックスコーヒージャパン、ウォルト・ディズニー・ジャパン、ヒルトンなど本国で厳しい規制が導入されている外資系企業、続いてセブン-イレブンが使い捨てプラスチック製ストローの廃止を決めました。

日本のプラスチックごみ（廃プラスチック）の大部分は中国に輸出されていましたが、中国や東南アジアが輸入を規制したため、日本は国内でリサイクル施設を整備し、プラスチックのリサイクル率を上げていく必要に迫られました。従来、家庭からのプラスチックごみは、燃えるごみとして焼却されてきましたが、リサイクルを推進するために、**容器包装リサイクル法**に基づき、市町村がプラスチック資源として分別収集することになりました。また、大量排出事業者にはリサイクルが義務づけられました。また、プラスチック資源循環戦略には、海洋プラスチック憲章の内容を踏まえた数値目標（二〇三〇年までに使い捨てプラスチックの二五％抑制）とともに、使い捨て容器包装の使用削減、使用済み製品の徹底した回収とリサイクル（二〇三五年までのプラごみ一〇〇％有効利用）、バイオプラスチックの実用化などが盛り込まれました。
また、小売店にも**レジ袋の有料化**を義務づけました。観光地の嵐山をかかえる京都府亀岡市は全国に先駆けて、プラスチック製レジ袋の提供を条例で禁止しました。皆さんは、マイバック派でしょうか、それとも有料でレジ袋を買う派でしょうか？

国際プラスチック条約にむけて

汚染（Pollution）としての海洋プラスチックごみやマイクロプラスチックについては、法的拘束力のある国際条約の策定を検討すべきとの国連環境計画（ＵＮＥＰ）の勧告が出されています。二〇一九年国連環境総会では定量的削減こそ合意できなかったものの、二〇三〇年までに使い捨てプラスチック製品の大幅削減を目指し、持続可能な調達に基づく製品の使用に関する野心的な国内目標の設定を勧奨するとの決議が採択されました。その後、二〇二四年終了を目指した政府間交渉委員会（ＩＮＣ）で条約策定の交渉が行われ、二〇二五年外交全権会議での**国際プラスチック条約**の採択が目指されています。

5　まとめ

第5章で扱ってきた企業活動において、食品ロス、自動車排ガス、プラスチックのリサイクルだけでなく、より広い範囲でサステナビリティ（持続可能性）に関する取り組み・報告や企業の社会的責任（ＣＳＲ）が求められるようになってきています。企業による持続可能な開発を体現するのが、

ＳＤＧｓやＥＳＧ投資であり、これを促進する環境政策の手法として情報開示が重視されるようになってきています。特に、気候変動分野では、企業との対話を通じた脱炭素移行の支援や、サプライチェーンを通じた環境・人権配慮が求められるようになっています。

企業活動は、政府や市民の活動を気候変動と直接的に結びつける上で、重要な役割を果たしてます。こうした企業活動による気候変動への影響に対して、市民は、開示請求や集団訴訟などのアクションを起こすようになってきており、企業がより踏み込んだ気候変動対策を迫られる一方で、新たなビジネスチャンスも生まれています。

あとがき

気候変動について考える旅はいかがでしたか？

本書では、気候変動について国際環境法や国内環境法がどのように相互に作用し、他の法学（国際貿易法、国際難民法、国際人権法、国際刑事法など）や、他の社会科学（国際関係論、政治学、経営学など）的な事象と時として抵触しながらも、どのように密接につながっているかを複眼的、学際的な視点で検討してきました。気候変動の影響の範囲が思いのほか広く、一つの分野だけでは到底、解決できないため、様々な分野の専門家だけでなく、政府、企業、ＮＧＯ、市民など多くの主体の協力が不可欠である裾野の広い課題であることを少しでも感じていただければ幸いです。

私自身は文系で受験では生物を選択しましたが、最近では気候変動における原子力の役割をより理解したいと、理論物理の基本書を手にとったりしています。アインシュタインの相対性理論や、ブラックホール、時空の歪みなど、高校時代に特段、好きとは言えなかった物理の面白さが今さら分かりはじめ、改めて高校までの基礎の大切さを感じています。

こうした気候変動を対象とする研究の面白さは、なんといってもその学際性にあり、立場の違う方と一緒に新たな知見を生み出し、国境を越えて人類共通の課題に取り組める点にあります。自分の専門外の分野についてもたびたび一から学ぶ必要があるので、好奇心や興味が尽きることがありません。また、これまでにない新たな課題であることから、道なき道を切り開いて宝探しをするようなプロセスは、時に苦しくも、最後は達成感のある、楽しい道のりです。

「好きこそものの上手なれ」で、好きなことであればこそ、大変なことも続けられると思います。若い時にたくさん挑戦し、たくさん失敗して恥をかき、自分の「好き」を焦らず、ゆっくり見つけていってください。

これまでの研究以外にも、本書のもとになっている、大学の授業は学生の皆さんと一緒につくりあげてきたものです。これまでご縁あって出会った一六〇名以上のゼミ生をはじめ、授業をとってくれた学生の皆さんが学んだことを何らかの形で、社会で生かしてくれていたら嬉しく思います。

最後に、これまで研究を応援し、見守ってくれた家族、ご指導を頂いた先生方やサポートを頂いた皆様、刊行にあたりお世話になりました日本経済評論社、大妻女子大学・研究支援室、大妻ブックレットシリーズ出版委員会の皆様と、特に辛抱強くご助言を頂きました出版委員会委員長に御礼申し上げます。

参考文献

石弘之『感染症の世界史』ＫＡＤＯＫＡＷＡ、二〇一八年
岩槻邦男・堂本暁子編『温暖化と生物多様性』築地書館、二〇〇八年
ウィリアム・Ｈ・マクニール（佐々木昭夫訳）『疫病と世界史・上』中央公論新社、二〇〇七年
大塚直『環境法第四版』有斐閣、二〇二〇年
蟹江憲史『ＳＤＧｓ（持続可能な開発目標）』中公新書、二〇二〇年
川崎健『イワシと気候変動——漁業の未来を考える』岩波書店、二〇〇九年
川嶋宗継・市川智史・今村光章編著『環境教育への招待』ミネルヴァ書房、二〇〇二年
国際連合広報センター「２０３０アジェンダ」https://www.unic.or.jp/activities/economic_social_development/sustainable_development/2030agenda/
高坂晶子『オーバーツリズム——観光に消費されないまちのつくり方』学芸出版社、二〇〇二年
佐藤貴司・矢部淳・齋藤めぐみ『日本の変動五〇〇〇万年史——四季のある気候はいかにして誕生したのか』講談社、二〇二二年
杉山慎『南極の氷に何が起きているか——気候変動と氷床の科学』中公公論新社、二〇二一年
高橋進『生物多様性と保護地域の国際関係——対立から共生へ』明石書店、二〇一四年
高村ゆかり・亀山康子編『京都議定書の国際制度』信山社、二〇〇二年
亀山康子・高村ゆかり編『気候変動と国際協調——京都議定書と多国間協調の行方』慈学社出版、二〇一一年
田家康『気候で読み解く日本の歴史——異常気象との攻防一四〇〇年』日本経済新聞出版社、二〇一三年
坪木和久『激甚気候はなぜ起こる』新潮社、二〇二〇年
デイビッド・ウォレス・ウェルズ（藤井留美訳）『地球に住めなくなる日——「気候崩壊」の避けられない真実』ＮＨＫ

出版、二〇二〇年
西井正弘『地球環境条約——生成・展開と国内実施』有斐閣、二〇〇五年
ブライアン・フェイガン（東郷えりか・桃井緑美子訳）『歴史を変えた気候大変動』河出書房、二〇〇九年
真鍋淑郎／アンソニー・J・ブロッコリー（増田耕一・阿部彩子監訳・宮本寿代訳）『地球温暖化はなぜ起こるのか——気候モデルで探る 過去・現在・未来の地球』講談社、二〇二二年
南博・稲葉雅紀『SDGs——危機の時代の羅針盤』岩波新書、二〇二〇年
宮脇昭『緑環境と植生学——鎮守の森を地球の森に』NTT出版、一九九七年

〈木村ひとみ Kimura Hitomi による論文・著書〉

「イギリス排出権取引の現状と課題」『UFJ Institute Report』七巻四号、二〇〇二年、UFJ総合研究所、三九－五〇頁
「イギリス気候変動法案（UK Climate Change Bill）」『季刊・環境研究』No.149、日立環境財団、二〇〇八年a、一二一－一三九頁
「二〇〇六年カリフォルニア州暖化対策法（A.B.32）および同州の温暖化法制に対する連邦最高裁判所判決の概要」『Law & Technology』民事法研究会、No.38、二〇〇八年b、四四－五三頁
「気候変動と途上国」大坪滋・木村宏恒・伊東早苗編『国際開発学入門——開発学の学際的構築』二〇〇九年a、勁草書房、四三七－四四五頁
「バリ行動計画に見られる国際環境法上の課題と将来枠組みへの示唆」環境法政策学会『生物多様性の保護——環境法と生物多様性の回廊を探る（環境法政策学会誌 第一二号）』二〇〇九年b、商事法務、一五五－一六二頁
「EU排出枠取引制度の航空分野への域外適用に関するECJ先決裁定と国際法上の課題」環境法政策学会『原発事故の環境法への影響——その現状と課題（環境法政策学会誌 第一六号）』二〇一三年、商事法務、二五七－二七一頁
「世界遺産条約における産業遺産の位置づけ——「明治日本の産業革命遺産 製鉄・鉄鋼・造船・石炭産業」の登録をめ

ぐって」環境管理、社団法人産業環境管理協会、Vol.51、No.9、二〇一五年a、七一－七四頁
「フォルクスワーゲン（ＶＷ）による排ガス規制逃れに見るコンプライアンスの課題」『国際商事法務』四三巻一一号、二〇一五年b、一六八三－一六八八頁
「国際環境法・ＥＵ環境法のイギリスにおける国内実施」中西優美子責任編集『ＥＵ法研究』創刊第一号、二〇一六年a、信山社、六三－八四頁
「ＣＯＰ21（パリ）前後における二〇二〇年以降のＥＵ気候変動法政策の形成と実施」中西優美子責任編集『ＥＵ法研究』第二号、二〇一六年b、信山社、一一一－一三七頁
「モントリオール議定書のキガリ改正（ＨＦＣ改正）とフロン対策の課題」『環境管理』Vol.53、No.7、社団法人産業環境管理協会、二〇一七年a、七一－七四頁
「フォルクスワーゲン（ＶＷ）による排ガス不正をめぐる訴訟」『国際商事法務』四五巻二号、二〇一七年b、二五三－二五八頁
「国際海運・国際航空からの排出規制」環境経済・政策学会編『環境経済・政策学事典』二〇一八年a、丸善出版、一九八－一九九頁
「イギリスのＥＵ離脱（Brexit）をめぐるＥＵ・イギリス法上の課題」中西優美子責任編集『ＥＵ法研究』第四号、二〇一八年b、信山社、九七－一二五頁
「イギリスのＥＵ離脱（Brexit）をめぐるＥＵ・イギリス法上の課題（二）――離脱交渉の第二段階を中心に」中西優美子責任編集『ＥＵ法研究』第五号、二〇一八年c、信山社、一一〇－一四二頁
「海洋プラスチックごみに関する環境規制の動向と課題」『国際商事法務』Vol.46、No.11、二〇一八年d、一五七一－一五七五頁
「海洋プラスチックごみに関する環境規制の動向と課題（二）――条約化の動向を中心に」『国際商事法務』Vol.47、No.6、二〇一九年、七五五－七五八頁

「新型コロナウイルス（COVID-19）を受けた野生動物の取引規制のあり方」『国際商事法務』Vol.48、No.8、二〇二〇年a、七五五－七五八頁
「英国のEU離脱（Brexit）とEU・英国環境法への影響」中西優美子責任編集『EU法研究』第八号、二〇二〇年b、信山社、三三－五七頁
「イギリスのEU離脱（Brexit）をめぐるEU・イギリス法上の課題（三）――離脱協定の合意から将来協定の締結へ」中西優美子責任編集『EU法研究』第九号、二〇二一年、信山社、一三三－一六六頁
「海洋プラスチックごみに関する環境規制の動向と課題（三）――政府間交渉委員会（INC）に向けたUNEAの議論を中心に」『国際商事法務』Vol.50、No.7、二〇二二年a、八六五－八六八頁
「英EU貿易連携協定（TCA）の環境関連規定の概要と評価」中西優美子責任編集『EU法研究』第一一号、二〇二二年b、信山社、四三－五七頁
「国際環境法（二）」長田祐卓『現代に生きる国際法』二〇二二年c、尚学社、一六三－一七二頁
「SDGs・ESGに関する環境情報開示と環境法――TCFD、コーポレートガバナンス・コード、サステナブルファイナンス開示規則、人権DDを中心に」『日本台湾法律家協会雑誌』一八号、二〇二二年d、一二一－一三五頁
「EU法の最新動向――企業のサステナビリティ報告指令（CSRD）・サステナブルファイナンス開示規則（SFDR）・ファイナンスド・エミッション」中西優美子責任編集『EU法研究』第一四号、二〇二三年a、信山社、一〇〇－一一一頁
「生物多様性条約をめぐる近年の動向と課題――COP15の概要と評価」『国際商事法務』Vol.51、No.4、二〇二三年b、五二九－五三三頁
「生物多様性条約をめぐる近年の動向と課題――国家管轄権外区域の海洋生物多様性（BBNJ）の保全と持続可能な利用に関する新協定との関係」『国際商事法務』Vol.51、No.8、二〇二三年c、一一一一－一一一五頁
「生物多様性条約をめぐる近年の動向と課題――自然関連財務情報開示タスクフォース（TNFD）など企業の動向と日

本の政策」『国際商事法務』Vol.52、No.3、二〇二四年a、三一八－三二二頁
「環境の保護および生物多様性」北極環境研究コンソーシアム長期構想編集委員会編『北極域の研究――その現状と将来構想』二〇二四年b、海文堂出版、二六七－二六九頁
「ウクライナでのエコサイド（環境犯罪）をめぐるEU法の挑戦――国際刑事法への貢献とグリーン復興協力への示唆」日本EU学会編『日本EU学会年報』第四四号、二〇二四年c、有斐閣、一三三－一六二頁
「損失と損害（ロス&ダメージ）基金と移行委員会の役割――交渉経緯」『国際商事法務』Vol.52、No.6、二〇二四年d、六八八－六九一頁
「損失と損害（ロス&ダメージ）基金と移行委員会の役割――パリ協定における気候変動資金の課題」『国際商事法務』Vol.52、No.8、二〇二四年e、九三九－九四三頁
「気候変動に関する国家の義務をめぐる欧州人権裁判所（ECHR）判決（KlimaSeniorinnen（高齢女性グループ）対スイス）と国際海洋法裁判所（ITLOS）勧告的意見」『環境管理』Vol.60、No.10、産業環境管理協会、二〇二四年f、四三－四八頁

International Sectoral Approaches and Agreements: Potential involvement of the Japanese steel sector in a post-2012 regime, Working paper, Climate Strategies, England, 2010, pp. 1-18
Climate Change Law and Policy in Japan, Erkki J. Hollo, Kati Kulovesi and Michael Mehling eds. *Climate Change and the law*, Springer-Verlag, 2013, pp. 585-595
Environmental Government Networks with Asian Examples, Joanna Harrigton, Catherine Renshaw and Holly Cullen eds. *Experts, Networks and International Law*, Cambridge University Press, 2017, pp. 185-202
Addressing Climate-Induced Displacement: The Need for Innovation in International Law, Neil Craik, Cameron Jefferies, Sara Seck and Tim Stephens eds. *Global Environmental Change and Innovation in International Law*,

Cambridge University Press, 2018a, pp. 125-137

Role of the non-State Actors in the Paris Agreement and Development of International Law, *Australian International Law Journal* (*AILJ*), Vol. 25, 2018b, pp. 103-114

Recovery of Sovereignty and Regional Integration in the EU and Asia after Brexit. Kumiko Haba and Martin Holland eds. *Brexit and After: Perspectives on European Crises and Reconstruction from Asia and Europe*, Springer, 2020, pp. 57-74

Ukraine War and Just Energy Transition toward Carbon Neutrality in EU and Japan, *Asia Pacific Journal of EU Studies*, Vol. 21, No. 1, 2023a, pp. 25-43

Potential role of international environmental law and One-Health Approach to protect the Arctic Indigenous Peoples from climate-sensitive zoonotic diseases, *Arctic Yearbook 2023 Special Issue: Arctic Pandemics: COVID-19 and Other Pandemic Experiences and Lessons Learned*, 2023b, pp. 314-330

Differentiating Indigenous Peoples from local communities under climate regimes in just energy transition: Implications for the Inuit and Sami Peoples, *Polar Science*, 2024, https://www.sciencedirect.com/science/article/abs/pii/S1873965224001166?via%3Dihub

著者紹介

木村ひとみ（きむら ひとみ）

大妻女子大学社会情報学部准教授。愛知県出身。上智大学法学部卒業、名古屋大学大学院前期課程修了（学術）、Temple University Beasley School of Law 修了（LL.M）、早稲田大学大学院法学研究科博士後期課程満期退学。早稲田大学博士（法学）。これまでに(株)UFJ総合研究所研究員、(財)地球環境戦略研究機関（IGES）研究員、東京大学大学院総合文化研究科非常勤講師、法政大学兼任講師、早稲田大学比較法研究所招聘研究員、経団連21世紀政策研究所研究委員など。

〈大妻ブックレット 14〉

気候変動を社会科学する
学際性の追求と挑戦

2024年12月23日　第1刷発行　　定価（本体1400円＋税）

著　者　木村ひとみ
発行者　柿　﨑　均

発行所　株式会社 日本経済評論社
〒101-0062 東京都千代田区神田駿河台1-7-7
電話 03-5577-7286　FAX 03-5577-2803
URL：http://www.nikkeihyo.co.jp

表紙デザイン：中村文香／装幀：徳宮峻　印刷：閏月社／製本：根本製本

乱丁・落丁本はお取替えいたします。　Printed in Japan

ISBN978-4-8188-2671-7 C1330